設計、藝術與建築中的 FORM + CODE

FORM+CODE
IN DESIGN, ART AND ARCHITECTURE

如演算般優雅，
用寫程式的方式創造設計的無限可能

作者

Casey Reas, Chandler McWilliams, LUST

譯者　　　**審訂**

陳亮璇　　　何樵暐

致謝

本書涵蓋了廣大的領域，使得書中所介紹的作品，無法全面性地將所有設計師、藝術家，以及建築師都囊括在內。單一的作品，通常代表的是背後更大的藝術運動或是作品集。不過，我們認為書中所介紹的作品，代表了這個領域裡的一些歷史與想法。非常感激我們的顧問團以及專家們的貢獻，他們慷慨地協助我們度過策劃這本書的過程：

Noah Wardrip-Fruin, Ben Fry,
Roland Snooks, Lucas van der Velden,
以及Marius Watz

審訂序

2010年我在ArtCenter攻讀研究所時，第一次經由Casey的演講接觸到了程式創作；當時他的分享，在日後對我的創作之路產生了非常大的衝擊。

後來，我輾轉進入了設計顧問公司，並陸陸續續地在矽谷與上海前後待了幾年。這幾年來，在設計道路上，總是隱約有些模糊的問題困擾著我。

在一個以商業為主導的世界，以設計創造商業價值，是理所當然的事，然而一個健全的社會需要的是不同類型的設計師，以豐富的創作帶給我們商業無法量化的價值，以實驗的精神來測試每一個想法，而不需要被商業所束縛。我曾經與本書的另一位作者——荷蘭設計工作室LUST的創辦人之一，短暫探討過倘若他們的設計如此具有實驗性質，是否需要花費精力說服業主。他提到無論是企業、美術館或是工作室等單位，實驗的精神本來就存在於荷蘭的文化DNA之中，因此沒有此一問題。這個衝擊我從來沒有忘記，在回台灣成立工作室後，這也是我一直秉持的精神。

本書所提及之案例，無論是在數位領域的歷史上、作品的文化深度上，又或者只是單純的趣味性，都非常發人深省。以非物質性的數位型態、互動設計以及平面設計等等，來傳達無法量化的思考、情感以及反思。用最不一樣的角度來設計、思考、衝撞及批判某個主題。無論是John Macda的平面設計作品「Morisawa Posters」 啟發了我們不被商業的套裝軟體所束縛，運用自己撰寫的工具來創作；或是Jonathan Harris的「The Whale Hunt」以不同的視角來傳達震撼人心的故事；又或是Aaron Koblin的「Flight Patterns」將原本隱形的數據透過精采的視覺傳達出來。這樣的作品，從商業以外的角度，提供了窺視設計世界的另一個視角；讓我們省思並重複反芻，而不是以能被評分以及分類的獎項做為創作優良的唯一評斷標準。

最後，希望這本書能帶領大家理解進入程式創作的文化與歷史，我們希望藉由本書將此領域介紹給每一位在內心中都有小小疑惑的創作者。希望有一天，台灣的創作者也不必為現實妥協，不斷地實驗與擁抱失敗。期望本書豐富的歷史與創作案例，能激發設計師與藝術家們，為我們的設計文化與環境做好準備。

設計師與藝術家的人生，就是一個接著一個不斷的創作，你的下一個創作是什麼？

何樵暐

僅以此書獻給加州大學洛杉磯分校媒體藝術設計系的學生

HOW HAS SOFTWARE AFFECTED THE VISUAL ARTS?

WHAT IS THE POTEN-TIAL FOR SOFTWARE WITHIN THE VISUAL ARTS?

AS A DESIGNER OR ARTIST, WHY WOULD I WANT OR NEED TO WRITE SOFTWARE?

軟體如何影響了視覺藝術？
軟體在視覺藝術中所擁有的淺力為何？
身為一位設計師或藝術家，為什麼我會想要或需要編寫軟體？

前言

前言

* Casey Reas and Ben Fry, Processing: A Programming Handbook for Visual Designers and Artists (Cambridge, MA: MIT Press, 2007).

軟體影響了當代設計和視覺文化的每個面向。許多知名藝術家,如Gilbert和George、Jeff Koons,以及Takashi Murakami都將軟體完全地融合在他們的創作過程之中;也有眾多傑出的建築師和設計師廣泛地使用這個工具,並委外設計客製化的程式來實現他們的創意。創新的電玩和好萊塢動畫電影工作者,也藉由軟體編寫來優化他們的創作。

不過,要將這頂尖創意領域中令人興奮的發展與設計教育整合,依然是一項挑戰;因為即使是最積極的學生也會有難以跨越的技術門檻。做為第一本全面性介紹軟體在藝術領域中的發展的書籍,本書希望能激發讀者進入這個領域所需的熱忱;但書中並不會教你如何撰寫電腦程式。你可以藉由參考Casey Reas與Ben Fry合著的《Processing:給視覺設計師和藝術家的程式設計工具書》(Processing: A Programming Handbook for Visual Designers and Artists)來滿足這個需求。*

本書中,我們將FORM(形式)定義為視覺與空間的結構;CODE(代碼)主要代表的是電腦程式,但是我們延伸了它的意涵,進一步地囊括除了電腦代碼外的一切指令。本書分為七章,分別為:〈代碼是什麼呢?〉、〈形式和電腦〉、〈重複〉、〈變形〉、〈參數化〉、〈視覺化〉,和〈模擬〉。前兩章定義專有名詞,以及介紹基本概念來奠定基礎。主題章節則緊緊環扣著代碼這個主題。每一章由解釋該領域的一段短文開始,運用圖片和說明文字來解釋,使主題更清晰易懂,並以兩個程式的圖解範例做為結束。相對應的多種程式語言原始碼,可從本書的網站免費下載:http://formandcode.com

我們對於運用代碼來進行形式創作的潛力,感到無比興奮;期望本書能夠激發讀者對於這些主題之間的關係,有更深遠的思考。

在本書的英文版中,後續章節頁裡多樣化的標題字型,與本頁所使用的是相同字體──Kai Bernau所設計的Neutral字體。以Neutral字體的幾何特性做為基礎,我們以Python、PostScript和Processing等程式語言來撰寫修改,進而發展出本書(英文版)所有的章節標題。這些標題字體證明了程式編寫的本質──一種能將訊息內嵌於系統內的特性。

代碼是什麼呢？

使用代碼，基本上有三種目的：通訊、說明，或者是加密。

在摩斯密碼中，文字會被轉化為或短或長的節拍，透過電報來傳送。「我的」（My）這個詞被傳送者加密為「-- -.--」；然後由接收者以聲音解碼回復為「我的」這個詞。

基因訊息則是被編譯為一組脫氧核醣核酸（DNA），例如：「AAAGTCTGAC」，A代表腺嘌呤（Adenine），G代表鳥嘌呤（Guanine），T是胸腺嘧啶（Thymine），而C是胞嘧啶（Cytosine）。基因碼便是使用這類的排序來形成蛋白質的規則。

加州《動物衛生與安全法規》（The California Health and Safety Code）是一組州立立法機關編制並頒布的成文法規。舉例來說，第12504章規定：「液態可燃物，意指任何燃點在華氏100度或以下之液體。」

即使在書寫起源之初，代碼也曾被用於保護訊息，以防止他人窺視。例如，以簡單的數字為密碼，來取代英文字母：A是1，B是2，C是3……，以此類推。「祕密」（Secret）這個字以這個代碼來表示，則是「19, 5, 3, 18, 5, 20.」。

此頁的網格原為間隔均等的簡單圖樣。Neutral字體的輪廓被轉為節點，並利用代碼所編寫的系統，來繪製並定位節點在網格上的位置。稍微偏移原本位置的點狀系統，讓字體在網格中得以被呈現。

摩斯密碼（Morse code），1840年
在摩斯密碼中，每個字都被編碼為一組有規律順序的點與劃（短直線）。

代碼是什麼呢？

演算法

代碼有許多不同的類型。以本書的脈絡來說，我們主要感興趣的，是具有一系列指令的代碼。

這種類型的代碼明確定義了特定步驟與細節，使指令能夠被遵循，我們一般稱之為演算法、程序或是程式。或許演算法這個詞對你來說可能不太熟悉，但你一定知道它所代表的意思。它不過是解釋如何做事的一種精確方式。一般來說，它常常被使用在電腦相關領域。大部分的人不會把演算法和編織圍巾的棒針法相提並論，但其實它們是同一種概念。

第一排：（正面）下針兩針，上針兩針，交叉
第二、三和四排：重複第一排
第五排：（正面）下針兩針，上針兩針，交叉
織八針收針，重複至最後四針，下針兩針，上針兩針
第六排：重複第一排
重複第一至六排到理想長度，於第四排結束
以下針兩針，上針兩針的樣式收針

同樣地，從一個地點到另一個地點的指示，或是組裝家具零件的步驟說明，以及許多其他類型的指導手冊，都是演算法的一種。

抵達休息點的健行指南

從北面出發：
· 由自然中心沿著小道前進
· 於水塔右轉至老橡樹處
· 由老橡樹處依指示前進

從南面出發：
· 由野餐樹林沿著植林小徑前行
· 於南牧場小徑右轉
· 行至牧農道右轉直到老橡樹處
· 由老橡樹處依指示前進

從老橡樹處出發：
· 沿著樹下小徑前行
· 於長嶺道右轉
· 由小道前行至休息點

演算法擁有四種特質。把這些特質比喻為旅行指南，會更容易理解。

撰寫演算法有很多種方式。換句話說，總是有許多方法可以從A地到B地。不同的人有不同的說明方式，但他們都能讓指南的讀者抵達預定的目的地。

演算法需要有運用假設的能力。登山指南假設你知道如何健行。預設你知道要穿適合的鞋子、了解如何循著蜿蜒的山路前進，也假設你知道要帶足夠的飲用水。沒有這些知識，健行者最終可能會雙腳長滿水泡、脫水並迷失。

演算法包含了做決策的能力。指南通常包含了從不同出發點啟程的指示。閱讀指南的人必須自己決定出發的位置。

複雜的演算法應該被拆分成不同模組。通常指引說明會被拆分為更容易理解的小指示。它可能分為從北面或是南面出發，但行至某一匯流點之後，兩組再一起依照相同的指示前進。

PostScript

```
gsave
        % move to the center of the page
        306 396 translate
        % repeat from 0 to 360 in increments of 12
        0 12 360 {
                pop
                % draw line from (20,0) to (200,0)
                20 0 moveto 200 0 lineto
                % rotate 12 degrees
                12 rotate
        } for
        stroke
grestore
```

Processing

```
void setup() {
  size(800, 600);
  stroke(255, 204);
  smooth();
  background(0);
}

void draw() {
  float thickness = dist(mouseX, mouseY, pmouseX, pmouseY);
  strokeWeight(thickness);
  line(mouseX, mouseY, pmouseX, pmouseY);
}
```

PostScript, 1982年
PostScript語言是定義印刷頁面輸出的專業程式語言。雖然它可在文字編輯器上進行編寫，但是通常PostScript語言都是藉由圖形使用者介面（Graphical user interface; GUI）而被製作出來。這使它更容易製作和編輯，但也喪失了一些更強大的功能。

代碼是什麼呢？

Processing
Processing是一個專注於編寫形式、動態和互動領域的程式語言與環境。它簡化並延展了Java語言。上圖的Processing程式在滑鼠的座標位置繪製了一條直線，而直線的粗細，則依照滑鼠移動的速度來計算。

代碼與電腦

註1. Casey Reas and Ben Fry, Processing: A Programming Handbook for Visual Designers and Artists (Cambridge, MA: MIT Press, 2007), 17.

在程式設計的領域中，代碼（也稱為原始碼）通常用來操控電腦的運作。它是一種以程式語言所寫成的演算法。現今已存在上千種的程式語言，而且每年還有新的語言不斷地被開發出來。

雖然這些程式語言使用的文字和標點符號，看起來與英文的寫法相當不同，但其實這些程式語言所使用的代碼，目的都是為了要讓人能直接閱讀與理解。具體來說，電腦程式語言是以人年幼時被教導的讀寫形式所設計而成的，其擁有必要的精確性，能對電腦下達指令。人類的語言是冗長的、含糊的，同時包含大量的詞彙。代碼則是精簡的，有嚴格的語法規則，字彙也比較少。但是架構一篇文章和電腦程式，都是一種寫作的形式，如我們在《Processing：給視覺設計師和藝術家的程式設計工具書》（Processing: A Programming Handbook for Visual Designers and Artist）中解釋的：

> 以人類語言撰寫，讓作者得以利用文字的模糊性，在建立詞語組合的時候，更有彈性。這些技巧，使得一篇文章能有更多樣化的詮釋，並使每個作者能保有自己獨特的語調。不同的電腦程式語言，也顯示了其作者的風格，但是少了許多模糊的詮釋空間。[1]

事實上，每組代碼只能有一種翻譯。電腦不像人類，所以如果詞語的意義不夠明確，就無法猜測或是詮釋。每種語言都有其語法規則，但是如果我誤寫了一、兩個「自」，你

應該還是能夠理解，電腦則不行。幸運的是（或是不幸的是），人類有高度的適應性，對很多人來說，學習組織代碼並不會太難。

在一組代碼能夠被電腦運算之前，它必須從人類能理解的格式，轉化成電腦可執行的格式；這個格式有時叫做機器碼（Machine code）、二進位格式（Binaries），或是執行檔（Executables）。

此一轉換，把代碼轉化為軟體。它因此可以在電腦上進行運算（或是執行）。機器碼基本上以一序列的1和0表示：

```
0001 0001 0000 1001 0000 0001 0000 1110
0000 1001 1100 1101 0000 0101 0000 0000
1100 1001 0100 1000 0110 0101 0110 1100
0110 1100 0110 1111 0010 0001 0010 0100
```

雖然這組1和0的序列看起來跟原始碼相當不同，但它完全是以人類能讀懂的代碼照字面翻譯而來。這翻譯過程是個讓電腦能遵從指令的必要步驟。我們相信你也認為要讀懂這一系列的1和0，比讀懂原始碼要難得多。這種格式以最精簡的程度，對電腦下達操作指令。每一個位元（Bit，1或是0）組合成位元組（Bytes，由八個位元組合而成的序列）來定義電腦如何計算以及移動由處理器輸入和輸出的數據。

代碼思考

註2. Michael Mateas, "Procedural Literacy: Educating the New Media Practitioner," Beyond Fun, ed. Drew Davidson (Pittsburgh, PA: ETC Press, 2008), 67.

註3. Ian Bogost, Persuasive Games: The Expressive Power of Videogames (Cambridge, MA: MIT Press, 2007), 4.

註4. 選擇某種程式語言而不是另一種，背後有許多原因，舉例來說，有些語言程式的代碼較容易被快速地編寫，但是這通常犧牲了代碼的處理速度。有些語言較為晦澀，因此減低其他程式設計師能了解這個語言的機會。

軟體是思考的工具。當工業革命所製造的設備大量增加了例如蒸汽機和汽車的產出；資訊革命則正在創造延伸智慧的工具。在我們的運用之下，軟體的資源和技術使我們能存取並處理大量的訊息。例如，基因科學（對基因組的研究），以及以自由開放編輯來達到其學術成就的維基百科，如果沒有軟體的協助，這些都無法達成。但是使用軟體不僅僅是增加我們處理大量資訊的能力，它也同時促進了嶄新的、不同的思考方式。

「程序讀寫能力」（Procedural literacy）這個詞彙形容了它自身的潛力。加州大學聖克魯茲分校副教授Michael Mateas表示：「程序讀寫能力」是「有能力讀寫程式，掌握程序的樣貌與美學」[2]。要養成程序讀寫能力，一定得理解它不只是個注重嚴謹技術的課題；它是一種溝通行為和以象徵方式來描繪世界的能力。程序的表現手法不是固定不變的，它是存在系統規則所定義的空間中，可能的形式與行為。電玩設計師Ian Bogost在他的著作《Persuasive Games: The Expressive Power of Videogames》中優雅地描述：

> 運用程序式的撰寫手法，一位創作者的代碼能增進遊戲規則並自動衍生相關事物，而不只是由自己一個個來創造內容。程序性的系統基於遊戲的規則模組而產生不同行為；它們是有能力產生許多不同結果的系統，而每個產出都遵循著一個相同的整體原則。[3]

電玩「Spacewar!」是很好的程序代表例子。要玩這款遊戲，必須先了解空間與動力在兩艘敵對太空船間的關係。玩家以向左或向右旋轉的方式來控制飛船，然後對準目標發射火箭以射下敵軍。要寫出這款遊戲，一個有程序讀寫能力的人，必須先將動作拆分為具有相當細節性的模組，才能進行編寫。創作遊戲最複雜的部分不是技術，而是把所有元素精心編製為具有連貫性並且愉悅的經驗。程序讀寫能力是一種橫跨所有程式語言，甚至能被應用在原始碼編寫領域以外的一種思考方式。

每種程式語言都是不同的思考和工作的素材。就如同木匠熟知不同木材獨特的屬性，包括橡樹、輕木和松木；一個了解軟體的人會知道不同程式語言的獨特特點。木匠挑選製作桌子的木材是基於成本、耐用度和美觀等需求條件；一個程式設計師選擇一種程式語言是因為粗估的預算、作業系統，和美學標準等。[4]每個程式語言的語法（或是文法）都構成了此種語言的可能性。不同的程式語言都提倡設計師從該語言的應用範圍（或可能的用途），以及其侷限性，來思考他們的工作。

Spacewar!, 1962年
這個早期的電子遊戲，模擬了兩艘太空船間的爭霸戰。每一艘船都可以向左或向右旋轉、衝刺和發射飛彈。在螢幕中心的星體，會將每艘太空船朝它的重力場拉近。從這張圖，我們可以看到這款遊戲在DEC PDP-1電腦上運作的樣子。

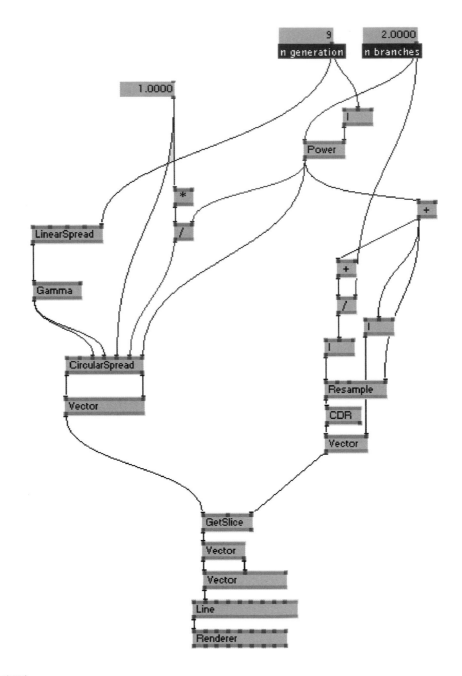

vvvv, 1998年至今
在vvvv語言的環境中，每個方格可與其他的方格連結，以便使用者控制程式中
資料的流向方式。每個程式都是運用連接節點而組成視覺圖表。上圖這組連接
圖表所建立的程式，可畫出L系統模型，作者為David Dessens。

代碼是什麼呢？

註5.設計於1964年的BASIC程式
語言,目的為教導非技術類大學
生如何設計程式。在個人電腦的
早期,變化出不同版本,多用來
教導孩童和業餘愛好者如何編寫
程式。

註6.首先開發於1967年的LOGO
語言,以移動一隻螢幕上的三角
形烏龜來繪圖。這個語言的早期
版本,則是在一個空間中移動一
隻機械式的烏龜。

從示範比較下列兩種非常不同的語言,我們發現程式語言可以激發不同的思考模式:BASIC語言與LOGO語言。在這兩個程式設計環境中,使用者需要運用不同的方式和對於空間的理解來繪製一個三角形。BASIC倚賴一套既定的座標系統,並需具備座標相關知識,線段的繪製是以連接一個座標到另一個座標而完成。[5]

而相反地,LOGO是一個為了尚未學習幾何概念的兒童所發展的語言,它讓使用者只需知道角度和左右的不同,就能編寫出一個形狀。在這個程式中,兒童以指揮螢幕上的一隻烏龜來畫線,他們想像自己是那隻烏龜,然後向前進行移動、向右轉後再向前直走,最後再向右轉,繼續向前邁進,直到完成這個三角形。[6]雖然兩種語言都能畫出相同的形狀,BASIC提倡客觀性,LOGO則培養探索性。此外,LOGO鼓勵程式設計師先在腦中試著執行代碼,而這對於養成程序讀寫能力是種很好的技巧。

視覺化程式設計語言(也稱為圖形化程式設計語言)提供了一種思考代碼的另類方式。以視覺化程式設計語言寫程式,就像是製作一張圖表,而不是寫下一段文字。在藝術領域中,三種最熱門的視覺化程式設計語言——Max、Pure Data以及vvvv——是受到聲音經由連接線(Patch cable)連接類比合成器的構成方式所影響。螢幕上用線段表示的虛擬連接線,用來連接程式模組並定義這個軟體。視覺化程式設計語言讓生成影像以及將過濾影像與音源變得簡單,但通常撰寫較長與較複雜的程式時,就顯得笨重與累贅。舉例來說,Max程式就是以文字程式語言C++所撰寫而成的,而不是視覺化程式設計語言。

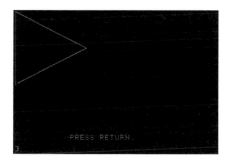

BASIC

```
10 HGR : HCOLOR = 3
20 HPLOT 0, 0 TO 100, 50 TO 0,
   100 TO 0, 0
30 END
```

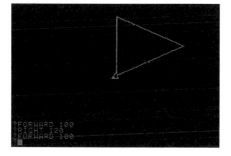

LOGO

```
FORWARD 100
RIGHT 120
FORWARD 100
RIGHT 120
FORWARD 100
```

PROPOSAL FOR WALL DRAWING, INFORMATION SHOW

Within four adjacent squares,

each 4' by 4',

four draftsmen will be employed

at $4.00/hour

for four hours a day

and for four days to draw straight lines

4 inches long

using four different colored pencils;

9H black, red, yellow and blue.

Each draftsmen will use the same color throughout

the four day period,

working on a different square each day.

Proposal for a Wall Drawing, Information Show, Sol LeWitt, 1970年
這個LeWitt的繪畫操作說明，是由一個技術精良的繪圖人員在畫圖過程中所做的詮釋。

代碼是什麼呢？

代碼和藝術

註7.Seymour Papert, The Children's Machine: Rethinking School in the Age of the Computer (New York: Basic Books, 1994), 157.

註8.Jack Burnham, Software—Information Technology: Its New Meaning for Art (New York: The Jewish Museum, 1970), 10.

註9.The New Media Reader (Cambridge, MA: MIT Press, 2003), 255.

從1940年代開始，代碼的發展被運用於協助科學和工程領域。Seymour Papert，一位研究電腦和創意領域的先鋒，如此解釋當時的情形：

當時的世界正處於戰爭之中，複雜的運算必須得在數學家不常感受到的時間壓力下完成：數字的運算關乎著武器的設計和使用；合乎邏輯的運用則是趕在情報過時之前破解愈來愈複雜的密碼……，因此他們大概不太可能曾經思考過，需要製造一台更可以平易使用的電腦。[7]

從那時起，加上許多其他的因素，對於電腦和程式設計語言的決策，阻礙著電腦軟體與藝術的結合。而且不幸的事實是，許多在藝術中運用的程式語言，原先都不是為此領域所設計的。設計師、建築師、藝術家對於電腦軟體的要求，常常不同於科學家、數學家和工程師。以當時最為主導的程式語言，例如C++和Java來進行視覺創作，常常需要耗費多年來學習所需的專業技術。

另一個研究代碼的替代方式是從1950年代和1960年代期間，以軟體或相關主題為實驗的藝術家作品開始，例如藝術的去物質化和系統美學。這些相關主題的探索，於1968年在倫敦當代藝術學院的展覽Cybernetic Serendipity；以及在1970年於紐約猶太人博物館舉行的展覽Software — Information Technology : Its New Meaning for Art，還有1970年在紐約現代藝術博物館MoMA展覽的Information第一次展示在大眾面前。Jack Burnham形容所見的作品是：「可被交流的藝術，因為從中它們探討溝通的基本組成和互換能量。」[8]

在展示的作品中，Hans Haacke的野心之作「Visitor's Profile」使用了電腦介面徵集參觀者的個人資訊，進而製成表格。以搜尋並揭露美術館贊助者的菁英社會地位，做為對藝術世界的批判。Les Levine的展出作品「Systems Burn-off X Residual Software」為一組探討軟體領域的照片。Levin聲稱圖片本身是硬體，而圖片提供的訊息則是軟體。他寫下令人啟發的自述：「所有生活中與物體或與物質質量無關的事物，都是軟體的產物。」[9]與Levine的作品相似地，許多在紐約現代藝術博物館的Information展中所展出的作品，都被歸類為「觀念藝術」。

同時，包括Mel Bochner、John Cage、Allan Kaprow、Sol LeWitt、Yoko Ono 和 La Monte Young，藝術家和音樂家們，以編寫指示說明和圖表製作做為一種新的藝術型態，創造了一種以過程為主，不一樣的觀

電子數值積分計算機(Electronic Numerical Integrator And Computer; ENIAC), 1943-1946年
第一台數位電腦和現今的電腦相當不同。ENIAC價值將近五十萬美元，而且重量超過三十噸。這張美軍照片中的兩位，是這台電腦的工程師。

BASIC

```
10  DEFINT A-Z' DRAW100SQ
20  CLS
30  MOVE$="!AX"
40  DRW$="!AY"
50  OPEN "COM1:1200,0,7,1" AS #1
60  PRINT #1, "!AE";
70  FOR ROW=0 TO 90 STEP 10
80     FOR CLM=0 TO 90 STEP 10
90          GOSUB 310
100         PRINT #1, MOVE$+STR$(ROW)+STR$(CLM)
110         GOSUB 310
120         PRINT #1, DRW$+STR$(ROW+10)+STR$(CLM)
130         GOSUB 310
140         PRINT #1,
DRW$+STR$(ROW+10)+STR$(CLM+10)
150         GOSUB 310
160         PRINT #1, DRW$+STR$(ROW)+STR$(CLM+10)
170         GOSUB 310
180         PRINT #1, DRW$+STR$(ROW)+STR$(CLM)+";"
190    NEXT CLM
200 NEXT ROW
210 PRINT
220 GOTO 70
230 '
240 '
250 '
260 '
270 'XON/XOFF subroutine
```

Hypertalk

```
on mouseUp
  put "100,100" into pos
  repeat with x = 1 to the number of card buttons
    set the location of card button x to pos
    add 15 to item 1 of pos
  end repeat
end mouseUp
```

BASIC, 1964年
這個程式能畫出一個由100個方格所組成的網格。它展示了如何使用BASIC程式語言,來控制一種名為繪圖儀(大型印表機)的機械繪圖手臂。

HyperTalk, 1987年
HyperTalk語言是一種為了讓初學者更好上手而誕生的程式語言。它比大多數的程式語言更像是英文。

代碼是什麼呢?

念藝術類型。舉例來說，LeWitt不直接作畫，而是把他的想法轉化成繪製說明。他寫下一系列的規則，來定義繪圖人員的任務，但是這些規則有著開放性的詮釋空間；也因此會產生許多不同的結果。Ono的作品，例如「Cloud Piece」，則是生活的指示；每一則短言都要求讀者做出例如大笑、畫圖、坐下，或者是飛等等動作。就像程式設計者一樣，這些創作者都是在撰寫執行動作的指令。他們運用英文做為設計程式的語言，在其中導入了曖昧性、詮釋的空間，甚至是矛盾性。

```
CLOUD PIECE
想像雲正在滴落。
在你的花園裡挖一個洞，
將它們裝進去。



1963年，春。
```

和這些著重於觀念的探索性作品同一時間的另一邊，工程師們正製造著能創作出視覺圖像的程式系統。1963年在Bell Laboratories，Kenneth C. Knowlton寫出了「BEFLIX」，一種能構成動畫的特殊程式，他以此程式和藝術家StanVanDerBcek與Lillian F. Schwartz合作創作出早期的電腦動畫。電腦合成電影《Permutations》，是John Whitney Sr.在1966年以GRAF，一種由IBM的Jack Citron博士在研究室中所研發的程式庫所製作而成。BEFLIX 和 GRAF 都是以高階電腦語言Fortran所建構。經由上述案例以及其他早期的探索，專為藝術所進行的程式開發持續地朝向當前的榮景邁進。

在1980年代，個人電腦的擴展使得程式設計得以被更廣大的群體所接觸，因而使得HyperTalk——一種蘋果電腦用於獨特的HyperCard應用程式（一種早期的超媒體[Hypermedia]系統）的程式語言得以發展。而另一種與它相關的語言Lingo，也因為1988年Adobe Director（前身為Macromedia Director，再之前為MacroMind Director）的初登場而發展。Lingo是1990年代早期網際網路正開始發展的年代，第一個被許多設計師和藝術家所使用的程式設計語言。網路的初期孕育了非常多的圖像程式設計研究，主要集中在ActionScript語言。程式設計的文化在藝術與建築的領域中，慢慢成長及增加至現今所擁有的眾多選項；其中的許多將會在本書中介紹。

代碼的影響力並不會只侷限在螢幕或是影像投影，它也能在物質空間中被人們感受。代碼被用來控制產品、建築和裝置等事物；它也被用來建立輸出印刷物的檔案，也能經由電腦控制機具來切割木材、金屬和塑膠等等材料並進行組合。代碼正快速地跨過螢幕的界線，並開始控制物質世界中更多的面向。在〈形式和電腦〉這一章裡的「形式製造」這部分，以及本書的其他部分，將會有更多案例。

Cloud Piece, Yoko Ono, 1963年
Ono的藝術作品是一篇指令，而讀者需要想像或是執行被賦予的動作。

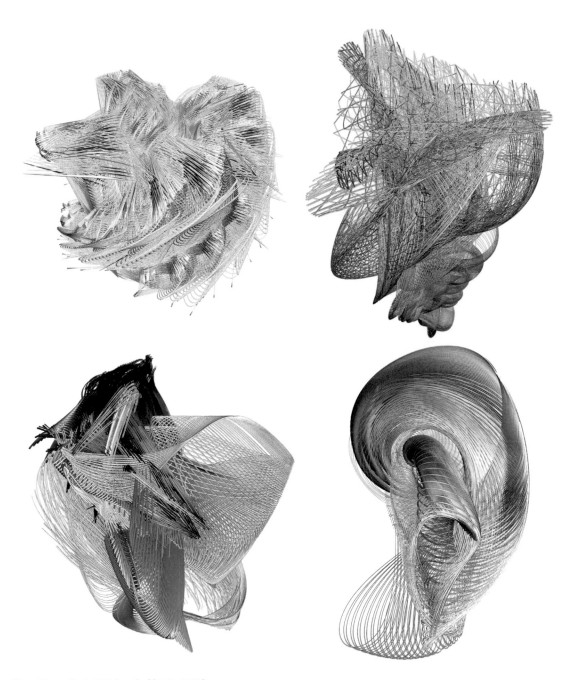

Strand Tower, Testa & Weiser, Architects, 2006年
Strand Tower這個建築的設計前身是運用一套特地製造的軟體Weaver，經由對建築版型不斷地反覆編寫所設計而成。其特別的纖維材料表現特點，如磨損性，以及綑綁性、編織性和具傾向性的圖樣，都被程式撰寫入此設計之中。纖維這種媒介以及其附屬品，通常比傳統的編織圖案，擁有更多的表現形式。

代碼是什麼呢？

代碼？為什麼？

註10.Jasia Reichardt,
Cybernetics, Art, and Ideas
(New York: New York Graphic
Society, 1971), 143.

註11.Edmund Snow Carpenter
and Marshall McLuhan,
Explorations in Communication:
An Anthology (Boston, MA:
Beacon Press, 1960), 2.

在藝術領域裡，電腦軟體的使用，可以被分為兩種類別：生產製造和概念發想。第一種類別裡，電腦被用來製造出一個預先想好的設計；而第二種類型中，電腦則參與設計的研發。在本書中，我們主要感興趣的是第二種（重點是了解這樣的分類並無優劣之分，但是會進而影響創造出來的設計類型）。

用電腦來減低設計重複且複雜的結構所需的時間，常常是早期將電腦軟體與創作過程結合的動機。這在動畫領域中特別重要，微小的動作需要被重複上千次來創造出動態的錯覺；然而，這迷人的技術性優點有著深深的影響。如果一開始的製作過程只需要人工製作的十分之一時間，那麼藝術家就能在相同的時間內製作十個不同的版本。如此一來，就能創造出更多不同的選項，並得到最好的選擇。高效率可以協助創作的過程，因為當成品所花的時間更短，就會有更多的時間來探索及研究。因此，電腦終於不僅僅被當做一個生產的工具。藉由電腦平面設計先驅 A. Micheal Noll 的話來說，人們開始把它當做：「一位具有知識且活躍的創意夥伴，當充分發揮時，可用來產生全新的藝術型態或者潛在的新美學經驗。」[10]

通常，要實現一個新的或獨特的願景時，藝術家和設計師必須超越現有工具的侷限性。專利性的軟體商品通常都是為了某種特定形式的設計通用工具。如果你已經使用電腦軟體來工作，為什麼要將自己侷限在軟體公司或是另一位程式設計師所設定的預期中？為了超越這些限制，藉由編寫屬於自己的軟體或是客製化現有的應用程式，是有必要的。現有的每一種媒體類型都能包容得下更多的表現性質，無論是繪畫、印刷，或是電視。舉例來說，電玩呈現出了電腦軟體許多不同的特色。如果你曾經拜倒於一款偉大的遊戲以及它的樂趣之中（我們知道有些讀者曾經有這樣的經驗；如果沒有，那你還等什麼？），你已經知道當你玩這些遊戲時所經歷的情緒，和觀賞一部電影或是一幅畫作是不同的。遊戲能引人入勝，使人被遊戲社群所吸引，而且強烈地持續癡迷好幾個月。

理論學家 Marshall McLuhan 參考他同時代的新媒體後，寫下：「現在我們開始意識到，新媒體不只是為了模仿世界的運作方式的一種幻想，而是有著新穎、且獨特表達威力的新語言。」[11] 代碼撰寫是一條通往實現這些新設計形式的通道。學習如何編寫程式和更直接地使用代碼來操作電腦，不只是打開一種創作工具的可能性，而且是一種包含了系統、環境在內的新的表達方式。就在此刻，電腦不再只是一個工具，反而成為一種媒介。我們希望下面的章節能提供證據讓讀者自己判斷，電腦軟體在視覺藝術領域中的潛力。

Computers and form have a shistory near old as the computer itself.

形式和電腦

即使在1970年代晚期，現代個人電腦出現之前，「計算機器」就已經被航空和汽車產業的設計師用來執行複雜的運算，也被科學家用來發展複雜的物理世界模擬。電腦最初能提供的優勢為高效率和準確性，探索新的可能性不是其優先目標；較為重要的是，運用電腦來做短時間的運算處理。電腦提供的高效率，擴展了產品製造的技術藍圖，使得複雜的幾何繪圖，能比運用傳統的繪製技術更快速地被製作出來。直到今日，電腦還是常常被當做精準的製圖機器，但新的使用方式也相繼開拓了新的領域。

左圖的文字運用了一系列的點、線和弧形來詮釋該字型。舉例來說，Adobe的PostScript語言以三種指令來繪製字型：移動至（move To）、畫線至（line To），和彎曲至（curve To）。為了創造出上圖的作品，「移動至」這個指令被刪除了，繪製出一組一線到底的字型。

與電腦一起繪圖

註1.Jasia Reichardt, Cybernetic Serendipity: The Computer and the Arts (New York: Praeger, 1969), 67.

註2.William John Mitchell and Malcolm McCullough, Digital Design Media: A Handbook for Architects and Design Professionals (New York: John Wiley & Sons Inc., 1991), 129.

註3.Christopher Woodward and Jaki Howes, Computing in Architectural Practice (London: Spon Press, 1998), 92.

1963年，Ivan Sutherland以他的速寫版（Sketchpad）首創了圖形使用者介面（Graphical user interface; GUI），此創舉改變了人與電腦的互動模式。速寫版的介面包括了一組旋鈕和按鍵、一個顯示器和一支直接用來在螢幕上作畫的光筆。在繪畫的同時，按下控制板上的按鍵，使用者可以指示電腦轉譯出筆的不同動作。每次用筆觸碰螢幕時，它就會在上一個點和這個點之間新增一條線。以此類推，使用者則可以畫出簡易的多邊形。另外其他的按鍵則負責圓形以及拱型等等；這樣的方式能繪製出相當精密的圖作。速寫版讓設計師能直接操縱螢幕上的物件，而不用先以數字或代碼為主的程式來進行編寫。當物件被設計出來之後，就可以被複製、移動、放大、縮小和旋轉來創造新的構圖。

速寫版不只是像筆和紙一般的粗糙物品；而是一種本質上的創新設計方式。當使用速寫版作畫時，設計師可以利用約束作用來形成物件之間的新關係，並且強制它們特定的運作行為，舉例來說，將線段的尾端折向另一條線的尾端、讓線段保持平行或是強制它們長度相同。使用者也可以創造更複雜的限制條件，例如：模擬一座橋的承重限制。

藉由第一個電腦輔助設計（Computer-aided design; CAD）系統，Sutherland的發明得以從研究室進入產業界。他的發明是以往工程領域和建築業界所使用的軟體所缺乏的，而且許多軟體能提供的幫助，只比類比式的筆和紙多一些。它們使得設計師可以

用數據精確的線條和弧線來畫圖，而不僅僅是丁字尺、製圖版，和鉛筆。這個「高效能製圖機」，因為高效率、快速和多產而廣受歡迎。[1]以前要畫好幾天的圖，現在只要幾個小時就能完成。

即使在這個情況下，電腦繪圖依舊被認為是人工繪圖的次等替代品。有些人覺得CAD機械製作的圖太過冷調，而且有著過度的機械感，他們偏好「稍微不穩和收尾不精確的手繪線段」。[2]另外還有其他造成CAD系統無法與產業整合的阻力。有些人覺得這些軟體使人陷入了一種對圖畫或設計進行永無止境編輯的魔力；其他人則相信軟體中過多的假設性，反而限制了設計的可能性。[3]因為這些問題，電腦始終被認為對於設計的構想階段是沒有效率的，並只被使用在創意的最後過程。主要著重於替設計師節省時間和增加產能的優勢上。

然而在設計產業中，平面設計領域則是因為電腦的使用而產生了深遠的影響。個人電腦的擴展，以及緊接其後的雷射印表機，為桌上型出版奠定了基礎。蘋果電腦的LaserWriter雷射印表機，能複製出的字體與圖像解析度，遠比以前的家庭或小型企業的印刷技術更好。而也許更重要的是，雷射印表機包含了PostScript語言，這使得它能運用更多的字型在設計之中，因為相較於物理性的金屬活字或是可轉印的刻字技術，字型已經被視為軟體。此舉為設計師開啓了自製字體與自我發行的大門，並對最終的版面設計擁有更多控制權。無論是Emigre和FUSE

Sketchpad, Ivan Sutherland, 1963年
運用Sketchpad，使用者可以直接在螢幕上使用光筆繪圖。光筆的表現特性則被一組開關、按鈕以及旋鈕所控制。左圖顯示Sutherland正在TX-2電腦上操作他的軟體。

Sine Curve Man, Charles A. Csuri, 1967年
這個繪圖儀(大型印表機)所繪製的幾何圖像,是以正弦函數的波值來扭曲臉部的圖像所創造出來的。像Csuri的大部分作品一樣,他透過代碼操作來創作人類形貌的抽象畫。

Chicago, Skidmore, Owings & Merrill (SOM), 1980年
隨著愈來愈高的運算能力和CAD軟體的複雜性,對於建立整個城市的模型開始變得可能。SOM創建了芝加哥市中心的線框模型,讓觀眾感受到城市的形式和建築物的龐大感。

形式和電腦

註4.Bernard Cache, <u>Earth Moves: The Furnishing of Territories</u> (Writing Architecture) (Cambridge, MA: MIT Press, 1995), 88.

的字型，還是April Greiman、David Carson以及其他設計師的前衛作品，這些技術讓1980和1990年代的視覺設計領域，充滿了活力和創造力。

有了PostScript鞏固了實際使用上的標準，Adobe藉機引進了Illustrator做為它新的視覺開發工具。有了Illastrator，不需要理解複雜的PostScript語言，任何人都可以繪圖和編排文字與圖像。最終，Illustrator和Adobe的Photoshop以及InDesign成為平面設計師中最普及的應用程式。有趣的是，這三個應用程式都在近年來相繼引進Scripting語言，並容許使用者運用程式撰寫來擴充工具。

在網際網路以及其他的網絡科技誕生之後，電腦便逐漸成為了協助共同合作的工具。有了網絡，人們對於是否還需要集中式的辦公空間產生質疑，這尤其有利於員工散布於全球的組織。這對於開源軟體運動有著極大的影響，大型且複雜的應用程式常常是由一群擁有共同興趣的人，以及他們所組成的非正式組織所製作出來的。這種新的作業方式也對於製造流程有所影響。在一個分散式的環境中，不同的人同時分工於一件工作中不同的部分，只有最後組合時，才能看見工作的全貌。

有了速寫版的幫助，電腦開始能呈現物件的關聯性和特性，並在設計中真正發揮其潛力並樹立地位。如果電腦能用來為我們建立已知的模型，也許也能被用來模擬未知。法國同為建築師和哲學家的Bernard Cache總結

CAD系統的歷史為「電腦輔助設計系統絕對大大地加強了創意的生產力，但基本上，這個系統仍並無法提供超出人工範圍的優勢。現在，我們能預料，運用第二代系統時，物品將不再是被設計，而是被運算出來。」[4]

Morisawa Posters, John Maeda, 1996年
Maeda不依靠現有的軟體工具，而是編寫自己的代碼來操控字型的形式。這讓他為Morisawa字體公司所創作的十張海報，呈現出獨特的圖像語言。每張海報都以一個演算公式來轉變該公司的識別商標。

Electronic Abstraction 6, Ben F. Laposky, 1952年
Laposky使用示波器——一種用於查看電壓變化的技術設備——來創造抽象圖案。
1950年代初開始，他改進了調控電子波形的過程並創造出令人驚嘆和多樣化的圖像
作品。

控制形式

要瞭解如何使用代碼來進行生產與形式創作，需要對電腦的運作有基本的知識。在電腦的虛擬世界之外，形狀本身是具物質性的和直觀的——它是頁面上的一條弧線、顏料的質地，或是丘陵的傾斜線。要控制這個世界的形狀，我們並不需要理解事物的背後如何運算組成，就能指出它們之間的關聯性，例如「在那裡」或是「在我旁邊」。如果有一塊觸手可及的黏土，那它就能直接被捏製成型。相反地，電腦則依賴數值來定義所有事物。

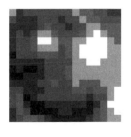

座標

電腦需要知道它所畫的每一點的位置，無論是在螢幕上或是被印表機列印出來。要做到這件事，我們一般使用Cartesian笛卡兒座標。如果你想像放一張大的方格紙在螢幕上，X軸由左至右，Y軸由上而下。這些軸線使我們能以一組數字明確定義一個點，一般來說，X軸數值先，Y軸數值跟隨其後。例如，一個在座標（5,10）的點，是由螢幕最左邊數來第五行，由上邊向下數來第十行。

形狀

放一張方格紙在螢幕上不只是一個比喻。事實上，螢幕就是以一格格稱為像素的點所組合而成。在螢幕上畫出形狀的其中一種方式，是鋪設像素網格在圖畫上，並且取得每個像素的色值。這樣的圖像表現方式叫做「柵格圖」。

柵格圖，又稱為「點陣圖」，是一種依解析度，對於螢幕上的圖像的完整形容方式。解析度代表的是原圖的物理尺寸需要多少點來構成。如果一個圖像的解析度為800×600像素，那這個圖像中總共就有480,000個像素，因此需要480,000個數字，每個數字代表一個像素顏色。解析度可以被想成一個個由瓷磚組成的圖像。有兩種方法能讓這種圖像看起來更精緻：縮小瓷磚，或是將圖像遠移。在電腦上，這兩個方法是相關的。由於螢幕有一個既定尺寸，降低解析度就像是把瓷磚變大；或者，你可以保留螢幕解析度，但是縮小螢幕上的圖像來達到目的。

如前所述，圖像的形式、顏色和形狀，必須轉換成數字，以便能夠在電腦上使用。結果是，這個電腦的特點反而令我們與已習慣的世界失去連結。每個在電腦螢幕上的圖像都有一個以像素為單位的解析度，或是長與寬的比例關係，但是多少像素才夠？擁有百萬像素的相機以及高解析度電視愈來愈普及，意味著像素永遠都不夠。

百萬像素（Megapixel）是指有一百萬個像素，它指的是一張圖像中的像素總數。換句話說，以圖像的像素寬度乘以高度來測量2,048×1,536的圖像，結果則稱為該圖像有3.1百萬像素（2,048×1,536 = 3,145,728）。我們的眼睛能看到連續性的類比（Analog）顏色。若是運用數位手法，最好的呈現方式，就是提高解析度以騙過眼睛，讓眼睛以為圖像是連續的。但事實還是不變的，這只是一個模擬，而且為了維持這個幻覺，它需要大量的運算以及足夠的記憶容量來存儲這些信息。

座標（Coordinates）
大多數的電腦繪圖座標系統，使用平行為X軸，而垂直為Y軸的網格座標系統。除此之外的Z軸，則用來繪製3D形狀。

柵格（Raster）
柵格代表的是網格狀的像素，每個單一像素控制著不同的顏色進而創造出影像。

栅格圖形是存儲並處理攝影圖片的理想方式，但是他們受制於解析度既有的約束。如果我們縮放點陣圖使圖片放大，則像素的色塊也必須放大。這使得這類檔案在儲存圖像上不盡完美，因為它們時常需要被移動、縮放、旋轉和重製。而解決這個缺憾的，就是「向量圖形」。

向量圖形與點陣圖使用相同的笛卡兒座標網格（Cartesian grid），但與其存儲圖像中每個像素的數值，向量圖形存儲一串定義圖片的方程式。這是草稿和精密製圖的理想選擇，因為任何幾何形狀──無論是線、圓、矩形，還是曲線──都可被任意組合來構圖。向量形狀運用了幾何方程式的運

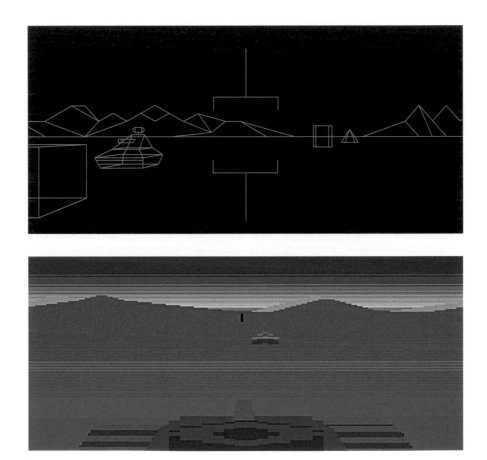

BattleZone, Atari, 1980年和1983年
BattleZone的大型電玩版本運用向量線條將圖像繪製在示波器上。而BattleZone的Atari 2600家庭版則運用了點陣圖形來製作，因為這款遊戲搭配的顯示器為電視。因此它的色彩更加豐富，但圖形的解析度則較低。

形式和電腦

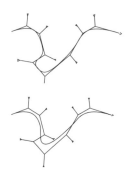

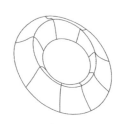

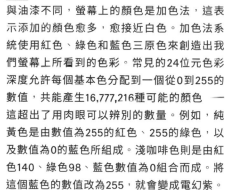

算，因此可以很容易地縮放和變形，而不失去細節。向量圖形的可擴展性，使它們成為印刷品生產過程中必不可少的元素。印表機的解析度可能比螢幕顯示器高好幾倍，沒有向量圖形很難創造出流暢的線條和俐落的字體。此外，製造技術，例如雷射切割和CNC（Computer numerical controlled）車床的加工，都要倚賴向量圖形所提供的細節和精密度。

3D建模軟體，如「Rhinoceros」和「Autodesk Maya」中的物件，通常都使用向量圖形來呈現。除了我們熟悉的2D曲線、點和線條以外，這些應用程式更容許設計師創造出不一樣的物件，例如網格（Meshes）、NURBS（Non-Uniform Rational B-Splines；非均勻有理B雲形線）和細分曲面（Subdivision surfaces）。

顏色
與油漆不同，螢幕上的顏色是加色法，這表示添加的顏色愈多，愈接近白色。加色法系統使用紅色、綠色和藍色三原色來創造我們螢幕上所看到的色彩。常見的24位元色彩深度允許每個基本色分配到一個從0到255的數值，共能產生16,777,216種可能的顏色 —— 這超出了用肉眼可以辨別的數量。例如，純黃色是由數值為255的紅色、255的綠色，以及數值為0的藍色所組成。淺咖啡色則是由紅色140、綠色98、藍色數值為0組合而成。將這個藍色的數值改為255，就會變成電幻紫。

寫實主義
就像直到十九世紀末的歐洲繪畫史一樣，電腦繪圖的歷史也是由真實地描繪自然世界的方式所開始。從1960年代粗糙的工程模型線條圖，到現今可運算出的擬真形式、光線和材質之間，已經跨越了三十多年的重點研究（這中間的轉變，可使用本書中的作品日期來部分追溯）。

其中一個早期樹立的效果是在平面的螢幕上，運算繪製出有景深的3D錯覺。緊接的是表面隱藏演算法，隱藏了模型背面的線條，使其看起來為實心，而不是只由線條構成。如同鉛筆畫中的陰影有助於產生深度和連續性，明暗處理演算法的開發，讓平面多邊型的銳利邊緣，能呈現外形順暢的表面。隨著時間的經過，更新、更好且能精準地臨摹材質的技術也被開發出來，更重要的是，出現了光在不同表面上的反射技術。除了這些演算法，大部分的圖像運算軟體是以相機的數學運算模型為核心。這些模型的數位參數模擬真實透鏡的實際參數，如焦距、視角和光圈。當進行圖像運算時，計算出的光學數值，決定了物體的遠近並扭曲幾何物件以建立透視感。愈來愈逼真的運算技術持續地發展，但近年來大眾對於非寫實的運算法重新燃起了興趣。這些技術使幾何模型看起來好像如同一幅畫，或是由黏土所塑造而成的。

樣條曲線（Splines）
樣條曲線是一種曲線類型，線條的形狀由其控制節點的位置來定義。而樣條曲線組成的平面決定了每個節點上曲線的密度。

高級幾何（Advanced Geometry）
在數學上，一個面可以運用許多不同的方式來定義。三角網格的表面是以連接的三角形所組成；而NURBS是以樣條曲線所創造的平整表面；而細分曲面則使用遞迴手法所創造出呈現曲率的細網格。

走向現實主義（Toward realism）
從粗糙的線條到精緻立體的平面，電腦圖形學的演算法，隨著歷史的腳步，往寫實主義的方向前進。

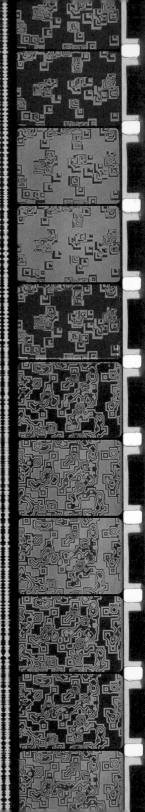

Entramado, Pablo Valbuena, 2008年
Valbuena結合了虛擬3D模型和精確定位的投影,運用光的編排順序,增強了物理世界的空間感,光如同空間的伴隨,卻又更改了場地本身。

Pixillation, Lillian Schwartz, 1970年
Schwartz與貝爾實驗室的Ken Knowlton,運用電腦所生成的序列影像一起製作了這部抽象電影。

形式和電腦

形式製造

一個在形式和代碼關係中的重要面向是，抽象的、無形的，和不可感知的代碼世界如何與人們的感官有所交集。了解顏色的表現方式，是了解這關係的其中一個部分，但是還有其他的數位處理方式，能讓數字的表現形式轉化為可被感知的事物，例如光、顏料，或是材質結構。

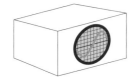

光線

比無處不在的彩色顯示器更早以前，示波器是電腦即時輸出視覺的主要設備。儘管它的畫質低而且只有單色，但在Sketchpad和早期的電腦遊戲系統上，它還是非常好用。以電視型態出現的全彩映像管（Cathode ray tube; CRT），被做為早期家庭電視遊戲系統的主要顯示裝置，如ColecoVision和Atari 2600。封閉在真空管中的映像管，由電子發射器和螢光幕所組成。電子發射器在屏幕上運用從左到右，由上而下的模式發射電子。當電子撞擊螢幕時，會使螢光材料發光。經由上述過程，映像管螢幕呈現出的圖像，具有非常與眾不同的外表。

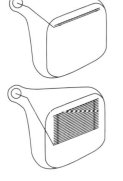

影格緩衝區（Framebuffer）的發明，對於電腦圖學的普及化而言，至關重要，它為數位繪圖軟體、照片處埋和材質模擬技術打開了一扇大門。最先由全錄帕羅奧多研究中心（Xerox Palo Alto Research Center，現稱為PARC Inc.）於1972年開發，影格緩衝區將螢幕上全部的內容存儲在記憶體中。在此之前，只有向量圖形可被繪製於螢幕上，因為它無法處理點陣圖像所需的記憶體容量。

目前使用最普遍、且愈來愈多的電腦顯示器，則是液晶顯示器（Liquid crystal displays; LCD）。液晶顯示器具有許多超越映像管顯示器的優點。它們使用更少的電力，體積更小，這使它們成為行動運算理想的選擇。它們也可以更迅速地更新圖像，提供更生動的體驗。由於液晶顯示器的製造尺寸範圍較廣，從手持設備到大型電視，因此可以同時提供私人和公共的體驗。此外，它們可以針對觸控螢幕做修改並提供物理反饋。

現代的數位投影機能讓多數人一同觀賞同一內容。除了基本用途之外，投影機還提供了沉浸式的、擴增物理空間感的，或是如圓形等非標準顯示形狀的觀賞方式。最常見的是，將圖像投影到前方布幕的前投影設計。背投影設計則是將圖像投影至半透明屏幕的背面，是一種讓觀眾可以接近影像，而不用擔心產生陰影或干擾圖像的好方法。

從鑰匙圈，到咖啡機，到動態廣告看板；無所不在的發光二極體（Light-emitting diodes; LEDs）是現代生活中的基本產品。LED是一種以電流發出光芒的電子零件。相較於傳統的發光方式，LED能更有效地節約能源，並維持較長時間。以組成形式來說，因為具有外觀的高度可變性與靈活的尺寸，所以非常有趣。透過拼接大量的LED，幾乎可以創造出任何尺寸或形狀的顯示器。以這種方式，LED可被當做為像素運用在螢幕顯示中。然後運用客製化的硬體和軟體進行控制，使其擁有如類似傳統螢幕的表現方式。

示波器（Oscilloscope）
示波器使用電壓來控制電子束的移動。從左到右的移動，有時為不變的固定時間，而上下移動則由電子信號控制。這樣的設定，讓它能輕易地將如正弦波一般的訊號視覺化。

陰極射線管（CRT）
電子通過真空管發射到磷光屏幕上，使其在衝擊時發光。在光柵顯示器中，光束從左到右，從上而下移動。

在3D印表機中，模型是由連續分層和融合材料的橫截面來建立。一層層的粉末材料，像是石膏、樹脂，甚至是玉米澱粉或糖，透過類似噴墨列印的噴嘴「印刷」出一種黏合劑，選擇性地將材料熔合在一起。完成後，把模型從多餘的粉末中挖出，剩下的粉末則可再回收使用。立體平版印刷和SLS都是這種加法技術的變形。

在立體平版印刷中，一層層薄薄的光敏樹脂進行堆疊後，再用紫外線雷射光使其聚焦的區域硬化。當每一層處理完成時，剩餘的液體會被排出，並且模型會在紫外線強光下加強固化。SLS則結合來自3D列印和立體平版印刷的概念。由一層層薄薄的粉末堆疊，然後使用雷射光將其熔合在一起，逐層構建出模型。SLS的一個特別的優點，是可以使用的各種材料，包括尼龍、陶瓷、塑料和金屬，使得這個技術可以快速創造出可使用的機器零件原型。

Ecorché structurel, R&Sie(n)+D, 2008年
R&Sie（n）+D想像可能的未來世界和生活方式。這種SLS 3D印刷模型，被它的創作者形容為：「如巢穴的空間，不再只是由外而內的防護……而是成為一種可居住的網絡以及交織的空間，一個藉由代謝手法不斷地重新配置來達到適宜居住的有機體。」

Cirrus 2008, Zaha Hadid Architects, 2008年
這個由聯合製造公司（Associated Fabrication）建造的座椅雕塑，是由富美家公司（Formica）的板材和中等密度的纖維板所製作而成。

Here to There, Emily Gobeille 和 Theodore Watson, 2008年
這一系列的大幅海報，結合了自然和演算法所生成的形狀，在手繪插圖和電腦運算的圖樣中找到了平衡點。以電腦繪圖軟體做為創作這個視覺故事的基礎，再以程式演算的元素混搭手繪插圖的形式，創造出引人入勝的混合世界。

重複

「重複性」這個特色被深深地植入電腦語言之中，也因此很自然地出現在教導人們編寫程式的方式裡。例如，在學習BASIC語言時，早期常用的程式總是一遍又一遍地輸出填滿螢幕相同文字：

```
10 PRINT "REPEAT!"
20 GOTO 10
```

或是修改些微差異來嘗試探索新的方向：

```
10 PRINT "\ \ \ \ \ \ \ \ \ \ \ \ \ \ \"
20 PRINT "/ / / / / / / / / / / / / / /"
30 GOTO 10
```

二十年前，簡單的文字圖樣動態就能令使用者有往前的充足動機，並促使他們進一步探索程式相關領域。只需要輸入區區兩行程序，就能輸出連續刷新螢幕的相關符號，是很吸引人的。

像這類型的程式，通常是由業餘愛好者和第一次學習如何使用電腦的孩子們所編寫的。但是在今天，大多數的電腦使用者從來沒有學習過如何編寫程式，因此永遠無法感受到直接控制電腦的喜悅。無論如何，重複性這個特色仍然是代碼與生俱來的能力，而且它依然是學習和探索這無限變化空間的一個原始動機。

ASDFG, jodi.org, 1997年
ASDFG這個作品是一種在瀏覽器中不斷閃爍、重複掃描和刷新文字的瘋狂雜訊。它的路徑架構為文件夾中不斷重複的文件夾，主要用來放大檢視伺服器中操作系統的命名限制。過長的檔案路徑連結，無法在搜尋網址欄中被完全顯示。因此不斷增加的瀏覽紀錄使「ASCII」語言的檔案路徑，在螢幕上呈現了隨機的圖樣。

Arktura Ricami Stool, Elena Manferdini, 2008年
這種金屬凳子複雜的雷射切割圖案，使它看起來精緻且脆弱，但這與它實際的強度正好相反。金屬切割機器根據Manferdini的原始數位圖案運用軟體來控制雷射的位置與強度。

重複的特色

運用「重複」這個手法所產生的效應，對人的身體和心靈能產生極大的影響。一個較為極端的例子之一，是快速閃爍的光線會引發癲癇；而一首好歌的節奏能使人們起身跳舞，則是更為常見的例子。與此相似地，動態的圖像能以細微的方式呈現，並引發實質的震撼。

在視覺領域中，重複性的元素能激發我們的眼睛跟著舞動。藉由運用這個手段，我們能引導眼睛的移動方式。有許多藝術作品示範了如何運用重複的手法，來創造出具有深度及動態的強烈感覺。光效應藝術（通常縮寫為「OP Art」〔歐普藝術〕）是自1960年代初以來所使用的術語，它用於形

Polarity, Bridget Riley, 1964年
Riley的繪畫使用重複和對比手法來影響觀眾，使他們產生微妙的迷失感。

重複

容包括振動、閃爍、膨脹和扭曲等特效在內，能誘發視網膜現象的藝術作品。這個藝術運動的先驅們，包括Yaacov Agam、Richard Anuszkiewicz、Bridget Riley、Jesús Rafael Soto，和Victor Vasarely。雖然他們的作品是在沒有電腦輔助的情況下進行創作，但其中許多人依然倚賴演算法的使用。例如，Vasarely稱之為「程序」的繪畫初稿，使用了一組擁有十二種變化六種色調模組的顏色系統來探索各種變化。Vasarely不使用電腦進行創作，而是僱用助手精心地依照他的指示來完成任務。

在同一時期目睹了歐普藝術的興起，Andy Warhol以完全不同的方式運用了「重複」這個創作手段。與其使人們產生視覺效果，他運用重複出現在大眾媒體中的圖像進行創作，並在同一張畫內多次絹版印刷單一圖像，創造了如Marilyn Monroe、Jacqueline Kennedy，和Elvis Presley等標誌性名人的肖像。透過重複手法的使用，圖像失去了與其主體的關係，並成為了一種商品，而不再只是一張肖像。除了視覺的重複性以外，依時間所設定的節奏也能產生強大明顯的效果。重複性一直是組成音樂的重要部分。

從古典樂到現代爵士樂，樂句的重複性在大型的作曲中是不可或缺的。Martin Wattenberg的程式「Shape of Song」，能將音樂中所運用的重複手法視覺化；因此，這個程式能夠藉由比較，進而看出Madonna的歌曲「Like a prayer」和Frédéric Chopin

的「Mazurka in F#」之間不同的複雜程度，實在非常地吸引人。

重複手法也是運用時間為導向的作品類型，如影像、動畫及實況軟體中的重要組成因素。因為這個特色，使得重複手法成為一種構成節奏的形式。藝術家Tony Conrad在1965年開始在實驗電影《The Flicker》中探索節奏中的分界線。這個作品只使用純黑白影格製作；電影由輪流閃跳的黑白畫面組合而成閃屏的效果。Conrad藉由每秒高達二十四幀（投影機每秒能拉動的影格數目）的速度，在清晰和著色的影格之間交替，進一步挑戰感知的臨界點。

由Granular-Synthesis（Kurt Hentschläger和Ulf Langheinrich）製作的當代行為藝術作品「Modell 5」，結合圖像元素和音頻技術，創作出了令人印象深刻的感官衝擊作品。他們不操縱影像的影格，而是依照相對應的音頻片段來重新排列影像，使表演者重複的臉部影像被轉變為扭曲的後人類機器（Posthuman machine）。這些作品和許多其他的當代視聽藝術家的作品，都藉由時而巧妙、時而強烈的重複手法，來進一步探索我們的感知世界。

Shape of Song, Martin Wattenberg, 2002年
這個視覺化的作品，將音樂段落繪製成一個個的拱形。每個拱形連接了曲子內相同的段落，經由時間將它們呈現在單一圖像上。從上到下，這些作品包括：Johann Sebastian Bach的「Goldberg Variations」、Frédéric Chopin的「Mazurka in F#」、民謠「Clementine」、Philip Glass的「Candyman II」和Madonna的「Like a prayer」。

Modell 5, Granular-Synthesis, 1994年
此作品重新混合了一小段影片和數個單一的影格與音頻，創造出了強烈的表演。四張臉的投影圖像依序排列，創造出一種混合機械與人的舞步與合唱。原始影像的聲音儲存在經過編輯後的每個單一影格中。透過同時編輯影像和聲音，讓視覺與聽覺能同步接軌。

QQQ, Tom Betts, 2002年
Betts透過更動電腦遊戲「Quake」的原始檔案，將其場景轉換成近乎抽象的空間。透過不刷新螢幕，讓圖像隨著玩家在遊戲的移動中，慢慢的積累並且改變。

重複

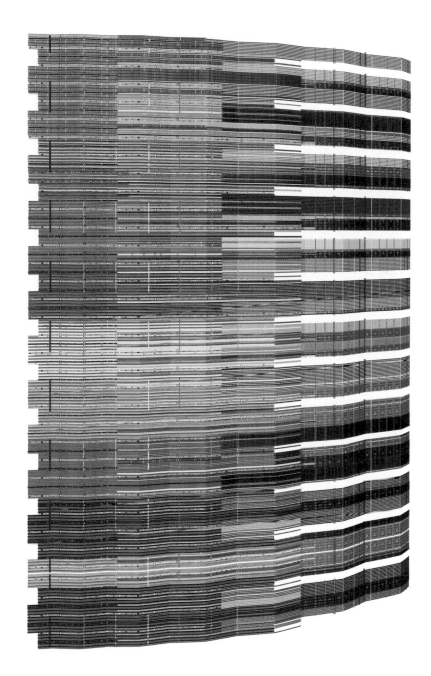

PSC 31, Mark Wilson, 2003年
這些圖像是Wilson在1980年代初編寫的作品之延伸，它探索了幾何形式的重複性和變化性。

Felder von Rechteck Schraffuren Überlagert, Frieder Nake, 1965年
在這個作品中，Nake使用了七個隨機的數值，來控制每一組線的大小、位置、方向、數量，以及筆的種類。

重複

電腦的天分

註1.Ruth Leavitt, Artist and Computer (New York: Harmony Books, 1976), 35.

註2.Ibid., 94.

註3.Ibid., 95.

電腦被設計為能夠精確且不斷地重複執行相同的運算。透過程式編寫來操縱這些機器的人,通常會加以利用電腦的這一特長。事實上,若是特意要違背電腦如計算機般的精準特性,以便進行不一樣的創作,反而更為困難。早期經由電腦所衍生的圖像,通常具有容易的重複性編寫手法等特點。

Frieder Nake早期的視覺作品,是運用重複手段的絕佳範例。1960年代中期在德國斯圖加特大學,Nake是以美學為目的,進而使用筆式繪圖儀和代碼來繪圖的第一人。當時,他藉由程式編寫產生繪圖指令,然後將指令轉譯成紙磁帶上的編碼。磁帶被輸入到Zuse Graphomat Z64的繪圖儀上,並用傳統的美術紙和油墨來創造圖像。利用受過的數學訓練,Nake藉由調整隨機數值和應用空間分割演算法,來達到重複手法的運用。

Vera Molnar和Manfred Mohr是首批藉由客製化軟體的製作,來實現其美學概念的藝術家們。Molnar在1960年代時期,藉由基本的幾何組成來創造出抽象畫;她會先進行繪圖,再做小的修正,然後評估其相異之處。1968年,她開始用電腦來協助她的工作。她在1975年時寫下她當時做這個決定的原因:

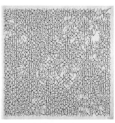

> 如果運用手繪,這種按部就班的步驟,有兩個重大的缺點。最主要是緩慢及乏味。為了對一系列正在發展中的圖片進行必要的比較,我必須做出許多尺寸、技巧,和精密度皆為相似的畫作。另一個缺點是,我只能主觀地決定圖畫中幾

個我想要修正的地方。由於時間有限,所以我只能在眾多的可能性中,考慮少數幾個可能改善的地方。[1]

Mohr開始使用電腦,也是出於類似的原因;他因為自己早期的硬邊繪畫(Hard-edge drawing)而開始接觸軟體,這顯然受到了他做為爵士音樂家的訓練所影響。對他來說,編寫軟體的動機,部分來自於他認為電腦是「人類知識和視覺體驗合理的擴大器」。[2]他概述了,藉由軟體使用所能帶來的新的可能性:

· 美學表現的精準度。
· 高執行速度,因此作品能包含更豐富的多樣性和比較性。
· 電腦能輕易地處理數百個指令和統計運算,是個事實,但人類的頭腦不行。人腦無法容納如此大量的訊息。[3]

Molnar和Mohr的作品座落於藝術史以及當代藝術領域中。例如,Mohr的作品,與運用系統和倍數做為創作題材的概念藝術家,如Sol LeWitt,有著明顯的相似之處。Molnar則曾經引用Claude Monet的乾草堆畫作系列為例了,來形容他藝術中的「重複性」和「微變化」這兩個主題。

Interruptions, Vera Molnar, 1968-1969年
這個系列作品是Molnar第一個以軟體創作的畫作。從1968年她便開始使用電腦,並運用特殊墨水,在繪圖儀上進行創作,藉以實現她的視覺概念。

Daisy Bell, Jennifer Steinkamp, 2008年
這面波動起伏的巨大牆壁投影，是由軟體依照具毒性的花朵模型所繪製組成。觀眾常常被淹沒在Steinkamp的軟體所能呈現出的重複性細節和規模中。

註4.David A. Ross and David Em, The Art of David Em: 100 Computer Paintings (New York: Harry N. Abrams, 1988), 17.

這些運用電腦的先驅及當代藝術家們,當時所使用的是如冰箱一般大的機器,在當時,只能用於研究實驗室和政府機關。因為機器取得非常困難,所以從事電腦相關藝術的創作者必須擁有相當的決心。儘管這些機器非常昂貴,但在技術上與現在的電腦相比較,則非常原始。早期Spartan公司的筆式繪圖儀所繪製的圖像質量,證明了這些電腦及其輸出設備在視覺上的限制。

相較之下,以點陣圖形為主的時代,圖像緩衝存取的功能使得運用重複性手法的作品,能大大地提升視覺的品質。經由這種創新的技術,程式化圖像的世界,從只有線段的外框骨架,轉變為充滿活力色彩和質地的世界。電腦藝術家David Em是使用這種新式圖像呈現方式的先驅。像他的前輩們一樣,他也在實驗室工作,以便獲得他所需要的先進電腦。在加州帕薩迪納的NASA噴射推進實驗室(Jet Propulsion Laboratory; JPL),他與電腦圖形學的創新者Jim Blinn合作。Em為新軟體寫道:「撇開其他的不談,Blinn所編寫的程式,能夠高度地展現物體的表面紋理,為電腦成像領域寫下了新的一頁。」[4] Em運用這個能力,在3D環境中模擬材質紋理,進而產生一系列密集且超現實的空間。

這種材質的模擬手法,在1984年被麥金塔(Macintosh)電腦帶進一般民眾的家裡。原始的MacPaint程式,讓使用滑鼠繪圖得以成真,並能將電腦上畫出的形狀,填上從樣板中所選擇的一位元材質。奠基於MacPaint的概念之上,於1989年推出的軟體Kid Pix,增加了娛樂性和重複性的元素,也提升了小孩子(當然也有許多成年人)的樂趣。它讓使用者在螢幕中如蓋章般地創造各種符號,從恐龍到草莓都有,這些功能,使人們能輕鬆地重複使用動態拼貼的方式製作圖像。

伴隨著電腦重複運算的天賦,電腦從繪製線條,進化至能衍生出一群自主且十分真實的虛擬角色。例如,Massive軟體被用來模擬群眾行為,像是大型戰鬥場面,和充滿了觀眾的體育館,以及為《魔戒三部曲》等電影創造當代視覺效果。今天,客製化的軟體程式,徹底地改變了影像質量以及觀賞品質。

Volkan, David Em, 1982年
1970年代末期和1980年代初期,Em在當時最複雜的電腦上進行圖像開發,他結合了重複的質地和形狀,創造出一幅幅奇妙的景色。

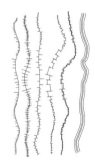

Mobility Agents: A computational sketchbook, John F. Simon Jr, 2005年
這個軟體在原本的線段上,新增不同的線條,並藉以與原線條之間產生新的關聯性。受到Paul Klee的作品《Pedagogical Sketchbook》所啟發,這個作品可以以許多不同的形式,重新詮釋單一線條。

模組化

模組化（Modularity）指的是，對於單一或多個元素進行排列組合，因而發展出多種樣式（模組化與其參數相關，因為它本身的構成並沒有改變；只是被重新排列組合）。模組化與參數這兩個主題融合得恰到好處。大多數的字體都是模組化結構的好例子。字體的形狀變化範圍，通常是透過幾個基本形狀所產生。舉例來說，用不同的方式排列相同的橢圓形和垂直線，便可構成小寫字母p、q和b。有些字母比另一些字母更具模組化

的特色。荷蘭風格派運動（De Stijl）創始人Theo van Doesburg在1919年設計的字體，和1967年由Wim Crouwel創造的新字母（New Alphabet），都是極為模組化的字體範例。

在軟體的領域裡，模組化這個功能通常被用來做為優化軟體資源的一種策略。因為存儲空間和頻寬總是有上限，所以如果能運用一小組重複的圖，就能生成較大的圖像。這種技術可以用一小組圖形來產生複雜且醒目的圖形。例

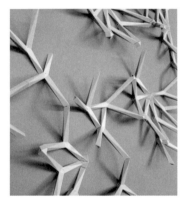

IVY, MOS Architects, 2006年
這個用於懸掛外套、帽子和其他物品的古怪系統，使用標準規格的Y字形式，搭配了四種不同類型的連接器，為購買者提供了自我創造使用結構的靈活性。

Aperiodic Vertebrae v2.0, THEVERYMANY / Marc Fornes和Skylar Tibbits, 2008年
這個由360個面板所製成的建築模型，是以束線帶將運用了11個不同類型以及320個獨特的連結點繫在一起，所組合而成。

如，1990年代中期，網路剛開始時，頻寬受到極大的限制，通常需要經過好幾分鐘才能顯示圖量較多的網站。而電視遊戲領域中，也有著使用一小組圖形來創造整個遊戲世界的悠久歷史。其中一個最有名的例子是，「超級瑪利歐兄弟」只用了儲存在遊戲卡匣上的一小組8×8原始像素數據，又稱「圖像磁磚」，就建構出了整個遊戲世界。這些磁磚被用來重複進行組合，使角色移動並創造出動態的效果。遊戲機一次只容許使用六十四個圖像磁磚，使得遊戲的結構能使用最少的資源，變化出更加錯綜複雜的場景。Ben Fry的軟體Mario Soup重新建構了這些儲存在任天堂卡匣上的圖像。他的配套軟體Deconstructulator顯示了遊戲正在進行時，這些圖像瓷磚如何從機器的記憶體中輸入以及輸出。

身處於物品製造的世界中，模組化的手段可被用來降低成本，也使複雜的建築案變得可行。雖然一些引人注目的設計和建案全都由客製化的零件所組成，但大多數的建築預算都只能負擔得起標準零件。事實上，絕大多數的建築物都是由預先製作的標準化組件所構成。Buckminster Fuller在1950年代富有遠見的結構設計，把這個想法推到了極致。他為一般住宅及都市規模的建物所設計的輕型穹頂結構，就是由標準化的零件所構成。

由Michael Meredith和Hilary Sample所帶領的建築公司MOS設計，稱為「Ivy」的模組化外套掛鉤系統，是運用軟體以及固定零件來探索設計空間的絕佳範例。裝在小塑膠袋裡的產品，隨即能被組裝成牆上的雕塑。裡面包括十六個Y形零件和四種類型的連接器，讓它可以用五花八門的方式進行組裝。MOS網站上的模擬軟體使用了版面配置演算法，來探索這個系統的可能搭配方式。

除了這裡所舉出具有重複性特色的案例之外，具計算能力的機器（即電腦）則可以產出無限多種變化形式。這個特性在〈參數化〉這一章中將進行深入的探討。

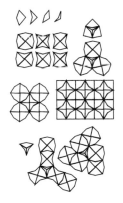

Minimum Inventory, Maximum Diversity diagram, Peter Pearce,1978年
Pearce的書《Structure in Nature Is a Strategy for Design》，舉出了運用極少元素的技巧，進而創造出一系列多樣化形狀的好範例。上圖只用了四種形狀做為所有結構的基礎。

Mario Soup, Ben Fry, 2003年
這個軟體顯示了1985年任天堂的遊戲「超級瑪利歐兄弟」，如何在兩個記憶體環境中，存儲所有遊戲中所使用的圖像。在上列圖像中，紅色代表一個記憶體環境，另一個則以藍色顯示。遊戲中所使用的顏色則在遊戲實際進行中，即時運算加以應用。

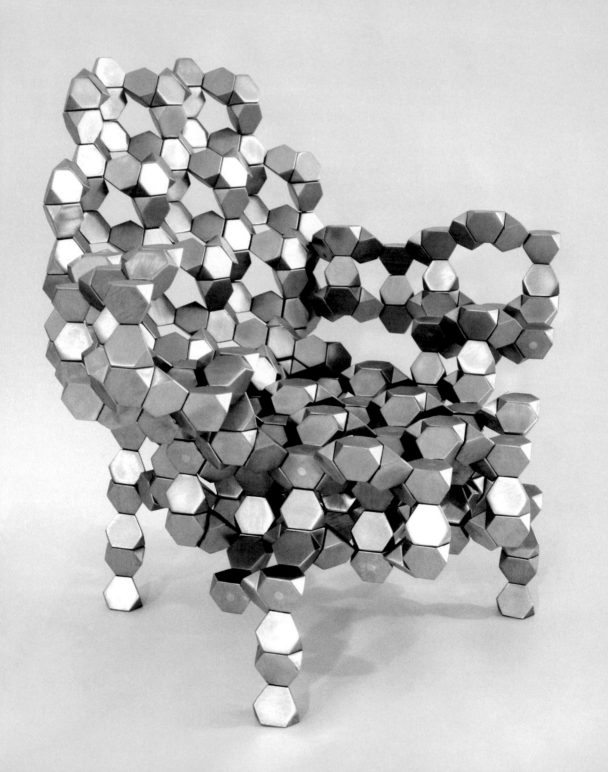

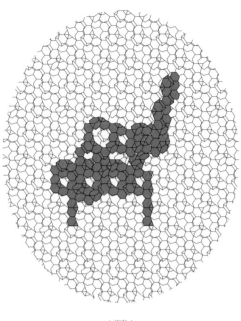

重複的技巧
圖樣

所有視覺上和運用鋪嵌排列組合所組成的圖案,其核心都是由演算法所組成。即使是幾個世紀以前的圖案,如蘇格蘭花呢格紋,都遵循著能夠被轉化爲軟體編碼的嚴謹組合規則。編寫代碼是一種令人雀躍的視覺圖樣創造方式。重複性的圖案被廣泛地運用在像是紡織品和壁紙等,需要產生錯覺的連續圖像設計之中。這些圖案可以像William Morris的壁紙一樣,非常華麗和複雜,或者像Charles和Ray Eames的許多紡織品設計一樣簡單清新。新型的快速原型製作機器和電腦控制製造設備,都使得我們能夠更進一步地探索這一領域。

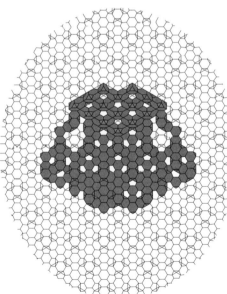

1774 Series Fauteuil, Aranda \ Lasch, 2007年
左圖鋁製椅子的型態,是在化學元素氧化錳重複的格狀放大結構中被「發現」的。椅子的形狀則是基於路易十五式的扶手椅所進行設計。

Whirligig, Zuzana Licko, 1994年
Licko運用了152個Whirligig符號，組成了一幅擁有無限變化的圖樣。因為符號被編寫成為一種字型，使得組成一個Whirligig圖樣就像是打字一樣簡單。藉由重複一個簡單的形狀，就可以創造出擁有不同元素的樣式。而當每個元素的正負空間相銜接時，就能進而再次組合形成第二層的圖樣。無論是宏觀或從小細節中來說，重複性的設計手法在這個作品中都發揮了效用。

重複

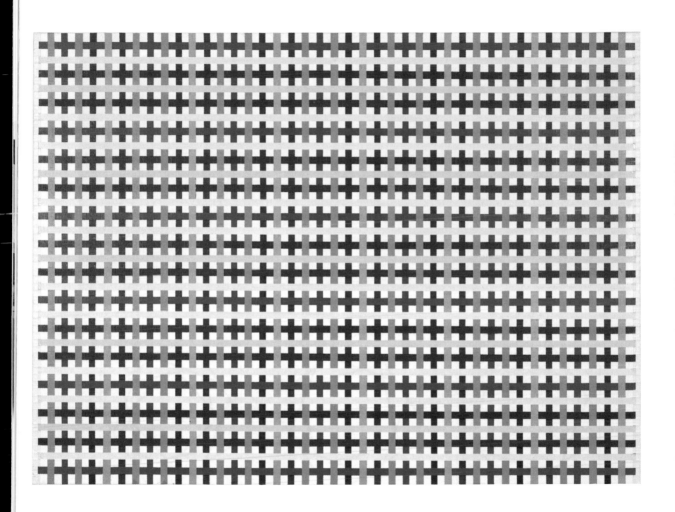

Painting #207 - N, Vasa Mihich, 2004年
Mihich是一位傳統的雕塑家和畫家，但是他從1998年開始使用電腦進行創作。他使用固定式的演算法，但有時會將偶然性的元素帶進創作中。他的這幅作品，由下列規則所組成：

將九種顏色分為三組：
藍色／綠色／紅色，紫羅蘭色／橙色／松綠色和淺橙色／淺紫色／淺藍色。
紅色第一。藍色第二。綠色第三。
紫羅蘭色、橙色和松綠色，垂直排列。
淺橙色、淺紫色和淺藍色，水平排列。

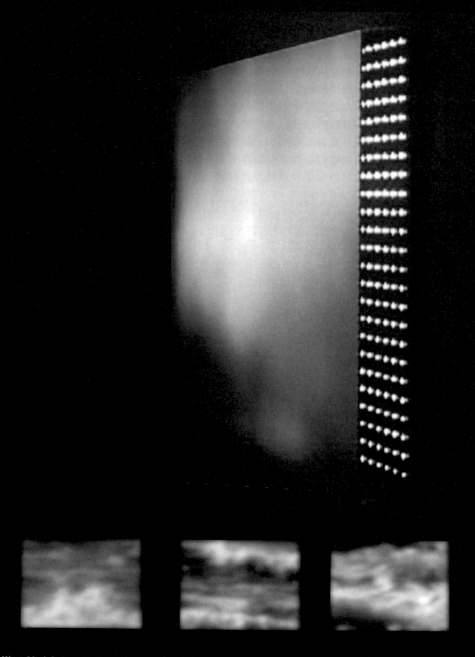

Wave Modulation, Jim Campbell, 2003年

做為Ambiguous Icons系列的一部分，這個作品降低了影像的播放品質，以便能在粗糙的LED矩陣螢幕上進行顯示。放置在LED前方的特殊處理樹酯玻璃面板，將LED光點漫射成類似海浪的幽靈影像。海浪在十分鐘之內，隨著實際時間波動並漸漸變慢，進而停止成為靜態圖片，然後再恢復到原來的速度。

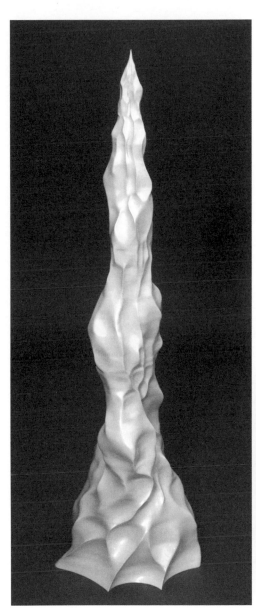

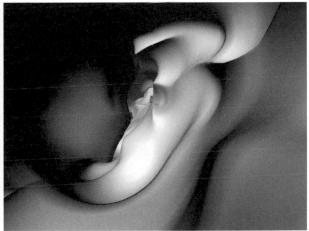

Tuboid, Erwin Driessens和Maria Verstappen, 1999-2000年
為了這個雕塑，藝術家運用了一系列的2D橫截面，創造出了一個3D形狀。從頂部的一個點開始，逐步向下生長。每個剖面的形狀，都使用了遺傳演算法來控制，進而改變管內結構的長度和旋轉角度，否則將只呈現圓形。這個作品的精髓，是運用了極座標的變形效果，創造出了一個獨特的形狀。這個作品的軟體互動版本，可以讓使用者航行和遨遊在這個形狀之中。

Amodal Suspension, Rafael Lozano-Hemmer, 2003年
Lozano-Hemmer使用接收到的簡訊,來控制日本山口藝術和媒體中心
(YCAM)上方的燈光秀。每個字元的接收率,被轉譯成閃爍的光,在博物
館上方的夜空中閃耀。

轉碼

以數字的形式來呈現資訊，其重要性意味著能輕易地將一種類型的數位信息轉換成另一種類型，例如將文件從JPEG轉換為PNG格式。轉碼這個功能，還可以經由介入電腦處理數據的過程，來創造出一種全新的設計型態。舉例來說，它能允許一個通常用來讀取影像的程式，轉而讀取聲音檔案。轉碼運用檔案的數據做為運算的原素材。舉個很好的例子，像是簡單的替代式密碼，其中每個英文字母都被替換為字母表中相對應的數字。「Ben」這個名字，在密碼中被轉換成數字2、5和14。當數字轉換完成，它們又可以以各種方式進而創造出新的數值。而這些數值可以接著再被用於創造新的圖像或藝術作品。例如，可以將之前的數字相加，獲得21，這又可以用來將圖像中的像素設定為紅色（但是由於「at」這個詞的數值也是21，所以這個介於原始字母和像素顏色之間的連結，非常地鬆散）。由於這些字母已被轉化成了數字，因此這些數字可以被運用在其他非典型的轉換方式中。

Rafael Lozano-Hemmer在2003年的裝置作品「Amodal Suspension」中，將簡訊轉換成光束，由聚光燈投射至日本山口藝術和媒體中心（Yamaguchi Center for Arts and Media; YCAM）上方的天空中。Lozano-Hemmer運用變形的構想，創造了相當引人注目的展出。每個短訊中所包含的字母，都依據它們的出現頻率進行分析。分析後所產生的數值，則用來控制聚光燈的強度——字母A會將光開到全亮；而Z就只是昏暗的光芒。這樣，我們的日常語言就成了與螢火蟲相似的創作。

以數字表現訊息所能提供的密切連貫性，在編寫程式環境「Max」中得到充分的發揮。受到類比合成器的接插線所啟發，Max程式由控制輸入和輸出的數據迴路開關所組成。當與Jitter（一種增加影片功能的外掛程式）一起使用時，Max可以將影片的影格連接到發聲器上，透過濾鏡來運作，然後將結果重新連接到影片產生器中。如同電流可以為任何一種電子設備供電，二進位的數據流也可以被應用在無窮的Max軟體迴路開關上。

轉化技術的運用提供了介於形式、數據和創意之間的連結與表現方式。當作品運用了這個設計手法，它保留了原始作品和變形版本之間的關聯性，而完全改變的版本則可以展現出兩者之間的全新關係。

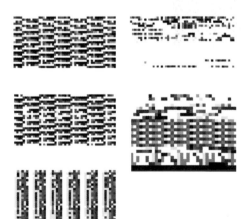

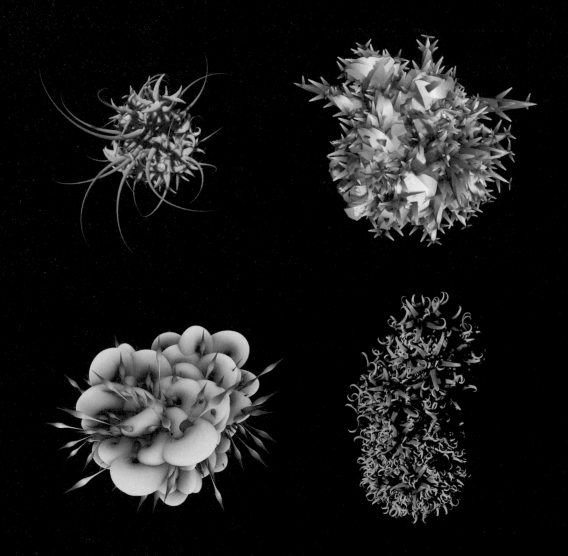

Malwarez, Alex Dragulescu, 2007年
這個作品將電腦蠕蟲（類似於電腦病毒）、電腦病毒、木馬程式和間諜軟體的原始碼視覺化成一幅幅圖像。Dragulescu的軟體分析存儲在間諜軟體中的子程式和其內存地址，運用分析後的結果，創造並展出具有3D形狀的圖像作品。

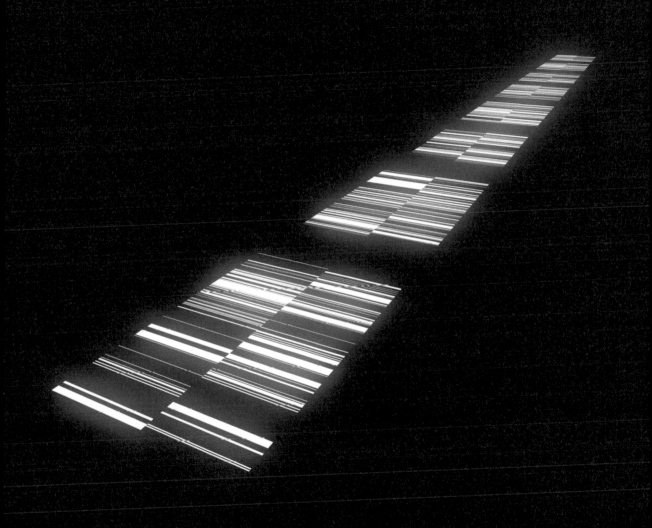

test pattern [n°1], Ryoji Ikeda, 2008年
在這個視聽裝置作品中,揚聲器的聲音被即時地轉換成顯示在螢幕上的一系列條碼圖案。Ikeda解釋說:「圖像運動的速度極端迅速,有時可達到每秒數百影格,除了考驗設備的性能以外,也測試了參觀者的感知反應程度。」

netropolis, Michael Najjar, 2004年
Netropolis系列作品運用了同一座城市中的不同視角,融合成一幅想像中的未來互連網路城市圖像;本頁上方依順時針方向所顯示的圖片為:紐約、柏林,以及上海。

變形

變形的技巧
圖像均值

一幅圖像中最引人注目的變形效果，往往隱含著重複的手法。例如，圖像均值是計算一幅圖的像素顏色或亮度的中間值的一種技術。然後將這些數值重新合成一幅新的圖像。

透過反覆合成相關的圖像，我們可以揭開人們的行為模式、呈現出人們隱藏的期望，並察覺觀賞單幅圖像時難以察覺的新關聯性。

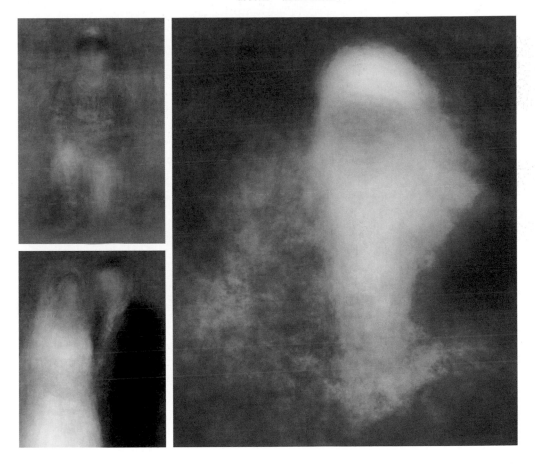

100 Special Moments, Jason Salavon, 2004年
Salavon將圖像均值演算法運用在紀念照片上，例如，結婚照或小孩與聖誕老人的合照，來顯示這些特別的時刻之間的相似之處。

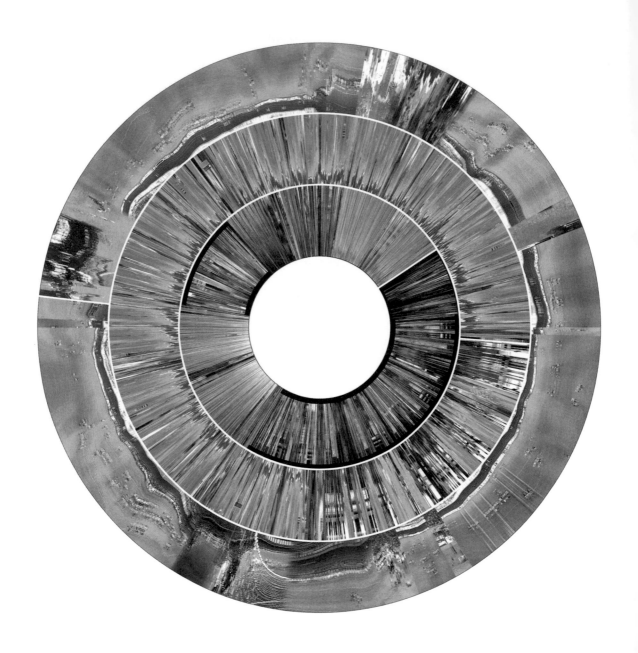

Last Clock, Ross Cooper 和 JussiÄngeslevä, 2004年
這個作品重新發明了時鐘，並分別以秒、分鐘和小時的時間長度，來呈現捕捉到的攝影歷史畫面，藉以強調時間的流逝。

變形

像中的影格轉換為圖像的技術，藉此來表達時間的流逝，或空間移動的概念。雖然狹縫掃描圖像的創作方式有許多種，但它們都包含了一個基本概念。如同一台鏡頭狹窄的相機般地捕捉影片裡每張影格的單列像素（或是狹合成這些單列像素，進而創造出一幅新的圖像。狹縫掃描也可用於創造強調動態效果的動畫。最有名的狹縫掃描範例，也許是由Douglas Trumbull幫Stanley Kubrick的電影《2001：太空漫遊》所製作的片尾經典鏡頭。

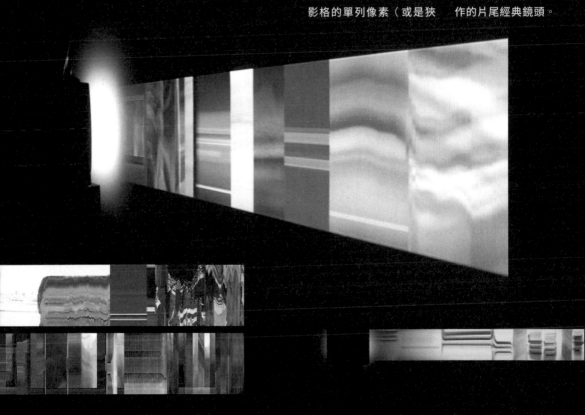

We interrupt your regularly scheduled program, Osman Khan和Daniel Sauter, 2003年
這個作品利用狹縫掃描的手法來探索電視轉播的明快與狂躁意象。藝術家運用客製化軟體，將每幅影格瓦解成單列的像素，再把它們合成為平穩流動的顏色，投影到牆上。

變形的技巧
拼貼工程學

拼貼工程學這個設計手法運用了許多不同的技巧，例如，搜集、修飾，和圖像文字合成。有的方式倚賴網路上普遍容易取得的數位化文字和圖像；有的則著重於經典的傳統拼貼技術，例如，切割、décollage（切割或撕下圖像的一部分，來創造出新的結構），還有組合。

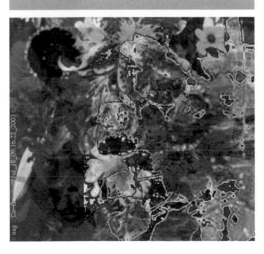

Untitled, Tom Friedman, 2004年
應用物理建築技術，Friedman使用一種演算法來拆解和重組三十六個完全相同的S.O.S.洗衣精外盒，使它成為一個更大的盒子。這個作品將洗衣精外盒轉化為一個看似熟悉、卻完全不同的物體。

net.art generator Series 'Flowers', Cornelia Sollfrank, 2003年
net.art產生器（net.art-generator.com）要求瀏覽該網站的觀眾，為他們即將開始創作的作品，輸入作者與作品名稱。它使用一系列的演算法，從許多線上資源組合收集來的圖像素材，進一步替觀眾創作出一個十分獨特的網頁作品。

Untitled V, James Paterson, 2005年
Paterson的軟體作品「Objectivity Engine」運用隨機的數值,來決定他的
小幅圖畫作品的顏色、位置和傾斜角度,從而形成一個更大的拼貼畫作。
每次軟體進行創作時,都會在先前設定的參數限制中出現不同的組合。

代碼範例
轉碼景觀

攝影照片擁有豐富的數據資料，而運用轉碼技術，可以從不同角度來重新詮釋這些數據。圖像擠壓成型技術，是一種在視覺上很吸引人的轉碼手法，它能從2D的平面影像中，創造出景深的效果。這個範例下載了一個從衛星上截取的黑白冰山圖像，並沿著Z軸，依照每個灰階像素的色質大小位移其位置。黑色的像素位移幅度會小於白色的像素。這創造了一個由程式緩慢驅動，並且可呈現不同視角的地面空間。

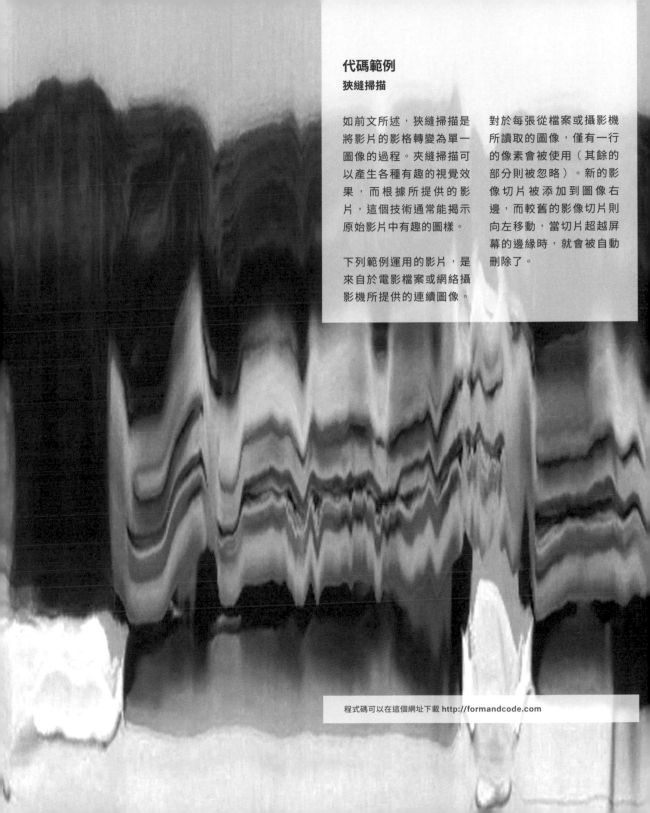

代碼範例
狹縫掃描

如前文所述,狹縫掃描是將影片的影格轉變為單一圖像的過程。夾縫掃描可以產生各種有趣的視覺效果,而根據所提供的影片,這個技術通常能揭示原始影片中有趣的圖樣。

下列範例運用的影片,是來自於電影檔案或網絡攝影機所提供的連續圖像。

對於每張從檔案或攝影機所讀取的圖像,僅有一行的像素會被使用(其餘的部分則被忽略)。新的影像切片被添加到圖像右邊,而較舊的影像切片則向左移動,當切片超越屏幕的邊緣時,就會被自動刪除了。

程式碼可以在這個網址下載 http://formandcode.com

Working wi
parameters
exciting wa
thinking ab
visual form.

参數化

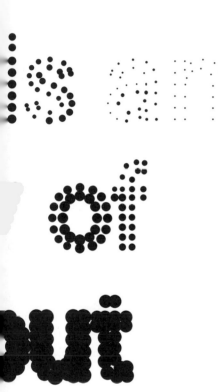

參數化

運用參數的包容性特色，設計師不再需要決定最終的單一個設計，而是能創造出一系列包含所有可能性的系列設計。這裡指的是，從思索單一物體設計，進階到思考一個擁有無限選擇的設計範圍。這意味著對於整體設計進行搜尋與探索，來發掘出符合特定要求、行為，或是符合設計師渴望的設計。

這些字母使用參數來決定每個圓圈的大小。一點一點，程式每次繪製一個圓形，半徑從小循環到大。因為波動頻率和圓圈的大小都是參數，所以上圖的排列組合，只是無限多種設計可能性其中的一個結果。

Geno Pheno Sculpture 'Fractal Dice No. 1', Keith Tyson, 2005年
在這個雕塑展覽開展前,藝術家就先發布了一段創作宣言:「藝術家會撰寫一個演算法,來決定這次新展覽的內容」。之後實際地擲骰子來決定這個雕塑的顏色、深度和位置等每個元素的參數。

廣義來說，參數是一個會影響計算過程的輸出以及結果的數值。它可能像是一份食譜中所設定的糖的份量如此簡單，或是像激發腦神經元的數值臨界點一樣複雜。在建築和設計的領域中，參數代表的是敘述方式、編碼和量化系統中的各項選擇與限制。常見的限制，可能是某個計劃可使用的預算，而這個計劃可進行配置的選擇，則可能是顏色、大小、密度，或材料等選擇。

對運作中的變數進行界定和描繪，被稱做為參數設定，它可以是設定代碼的一部分，或甚至是制定達達主義詩的規則。這個步驟繁多的過程，需要設計師決定哪些參數是可變的，以及可能的參數範圍。例如，設計師可以探索不同的顏色設定，如何影響商標的設計。在這種情況下，商標中的顏色元素就是參數，而可運用的顏色列表，則定義了參數數值的範圍。參數設定可以連結設計師的設計意向和他／她所描述的設計方式。

在創作過程中，隨著更多的參數被界定並整合，其可能的結果也隨之增加。如果將每個參數想像成圖表上被定義的軸線，而參數化的系統則代表一個充滿各種可能設計狀態的空間（結果來自於每個參數與特定數值的分配組合）。舉一個簡單的例子，試著想像有一整排衣架的T恤。衣架上的每件衣服都有不同的尺寸和顏色，我們可以說，當尺寸參數是「大尺碼」，而顏色參數是「綠色」的時候，「大尺碼綠色T恤」就是這個設計的狀態。但這時，想像一件「大尺碼、紅色的T恤」就像想像一件「大尺碼、綠色的T恤」一樣簡單，只是顏色不同而已。

思考如何靈活運用參數的技巧，為重複手法、變形效果、視覺化和模擬效果之間提供了一座橋樑。當變形的設定描繪了參數對形狀的影響，重複性則提供了一個空間來探索最佳設計的可能性。視覺化創作和運用模擬手法的作品，都需要使用參數來定義其系統，而系統則描繪了數據或其他輸入資料如何影響系統的行為。

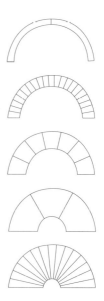

參數（Parameters）
右上圖的兩個參數是「半徑和分段數」，變化這兩個參數，能創造出大量且多樣的形式。這是一個極簡的系統，但它能展現出運用參數來探索不同形式的力量。

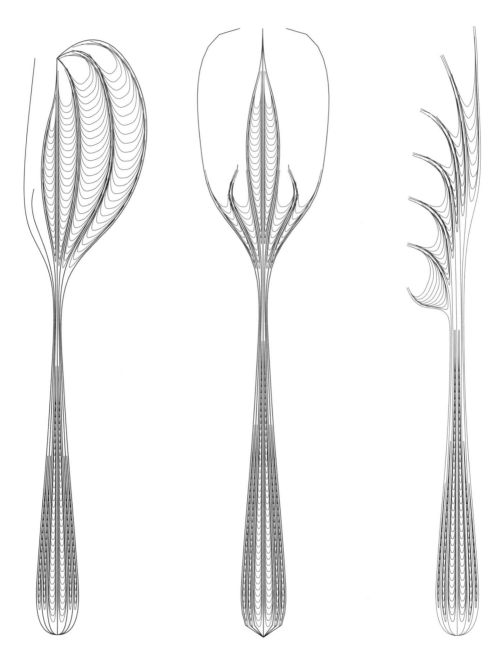

Flatware, Greg Lynn, 2005年至今
這組五十二件式的餐具組，是藉由餐具的基本形狀，如叉齒或是網狀握柄加以變形、混合和演化所設計而來。這些特別的餐具，包含用意不明的芥末勺和夾心糖匙，都隸屬於一個更龐大的形狀家族，其中每一件設計都由另一件所變化而來。

參數化

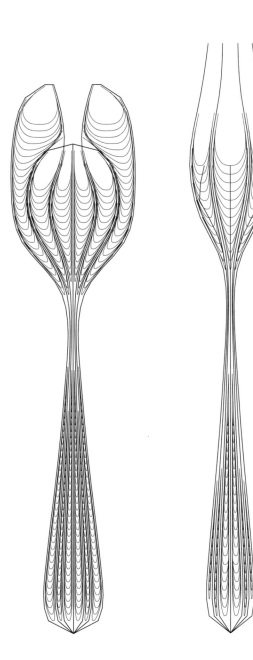

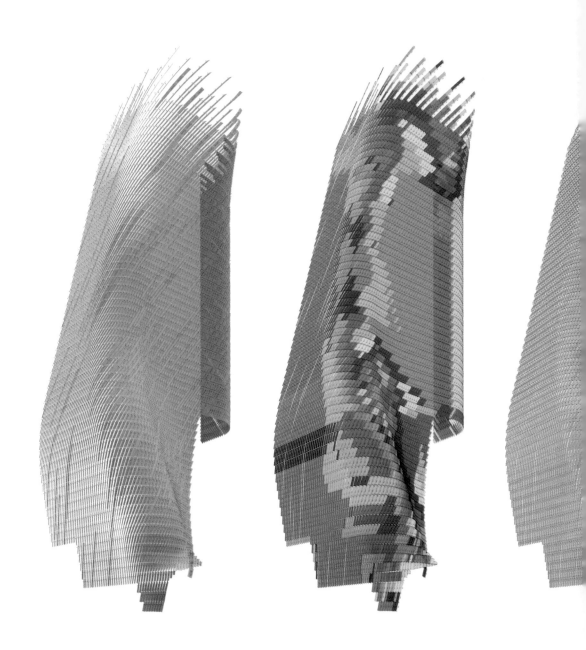

Phare Tower, Morphosis, 2008年
Phare Tower是巴黎一棟六十八層的摩天大樓。Satoru Sugihara開發出一套運用迭代開發、重複測試,以及優化結構的軟體,來處理這個設計中許多重要的參數
設定。本頁的圖像顯示了軟體如何被用來設計以下系統(由左到右):優化太陽能性能、面板尺寸優化,和面板角度分析。

參數化

排版系統

設計一套圖像產生系統，而不只是製作單一
圖像，這個想法，在現代藝術中已具有悠
久的歷史。Marcel Duchamp從1913到1914
年的「3 Standard Stoppages」是一個有
趣的早期範例。為了創造這一系列的作品，
他運用一條長度一公尺、位置在一公尺高的
線段垂吊測量，並定義出一條曲線。這條暫
時以重力來決定的垂降曲線，及其產生的扭
曲度，隨後被切割成木頭，並用來當成其
他圖像的繪圖模板。例如，這個曲線在他
的作品「Large Glass」中，被拿來描繪單
身漢的形象。與Duchamp同時期的藝術家
Jean Arp則藉由把元素分散在一個頁面上，
製作了Untitled（根據機會法則排列的矩形
拼貼畫〔Collage with Squares Arranged
According to the Laws of Chance〕）這件
拼貼作品。而或許在軟體發明之前最明顯、
最具代表性的範例，是Alexander Calder
的動態雕塑。在他的雕塑中，各種的形狀以
固定的接點連接，在重力的影響下彼此相互
作用，並維持著良好的平衡，但是雕塑的各
部位元件也可被風吹動，進而改變位置。
Umberto Eco為這個雕塑作品寫道：

> 他的每一件作品都是「動態中的作
> 品」，作品的動態與觀眾的動態相互結
> 合。理論上，每件藝術品和觀眾絕對無
> 法以完全相同的方式再次相遇。觀賞這
> 個作品，並無任何建議的移動方式：因
> 為動態是活生生的，而這個藝術品則代
> 表了一個充滿開放可能性的領域。[1]

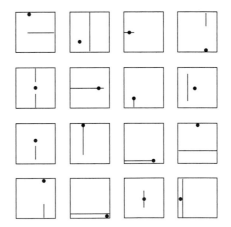

Arc of Petals, Alexander Calder, 1941年
這個動力雕塑，是由不同形狀之間所形成的良好平衡關係所組合而成。其中
一些形狀之間的關係是固定不變的；其他的則會因氣流而產生變化。

Variation Example, Emil Ruder, 1967年
Emil Ruder的著作《印刷排版：設計指南》（Typographie）中展現了如何
使用高度受限的元素，來產生各式各樣的作品。他只運用一條線和一個點，
就繪製出三十六種獨特的圖表版型。他說：「這些變化只是『無限可能性中
的一小部分』。」

註1.Umberto Eco, The Open Work (Cambridge, MA: Harvard University Press, 1989), 86.

註2.Alexander Alberro and Blake Stimson, eds., Conceptual Art: A Critical Anthology (Cambridge, MA: MIT Press, 2000), 14.

註3.Interview with Khoi Vinh: http://www.thegridsystem. org/2009/articles/ interview-with-khoi-vinh/.

實驗作家Tristan Tzara和William S. Burroughs引進了創新的、不可預測的寫作方法，而John Cage則把隨機性做為譜曲的基本技巧。

雖然這些早期的創作合成系統明顯地過度依賴了隨機的因素，但是在參數的領域裡，這些藝術作品依然非常重要。因為每位創作者都明確定義了一組規則，他們可以決定其中的一些選項，而剩餘的因素，則是由他們控制以外的事件所決定。他們創造出的系統，可產生無限的獨特系列作品。Sol LeWitt的形容，為這種創作方式下了一個很好的結論：「想法成為了製作藝術的機器。」[2]

有些系統的使用方式則更謹慎地被定義下來，包括在書籍、雜誌、網站和海報中編排頁面的網格設計系統。它們使每一個頁面都是獨特的，但同時仍保有與其他頁面的關聯性。例如，1968年，為美國國家公園服務處（National Park Service; NPS）所設計的「單一化網格設計系統」（Unigrid）讓每個公園（如黃石公園、優勝美地等等）都能夠擁有適合它們自己特別需求的手冊，同時允許美國國家公園服務處保有它強大的組織識別性。單一化網格設計系統是一個富有彈性的開放性架構，它能讓每個在龐大系統內工作的設計師，同時有機會決定各項版面的設計。Khoi Vinh（紐約時報官網NYTimes.com藝術總監）的網站和部落格Subtraction.com是一個更為當代的例子。應用網站上的網格設計系統，讓數百、甚至數千個網頁頁面，都能基於一個單一的結構

而形成。Vinh談起Josef Müller-Brockmann和Massimo Vignelli這兩位設計師對他的影響，並且直接把印刷設計領域裡的網格以及它如何轉移至網路的歷史連結起來。在接受採訪時，他說：

> 網格系統不僅僅是一套拿來遵守的規則……，它也是一套用來挑戰、甚至打破的規則。在合適的網格系統下設計，也就是說，在有適當限制的系統下設計，優秀的設計師就能創造出整齊，同時又出人意表的作品。[3]

Subtraction.com, Khoi Vinh, 2000-2009年
在這個網站上，有許多不同的排版類型，但是Vinh使用八列的網格形式，為每個變化版本提供了相同的結構。

變數

在任何系統或規則中，都存在著潛在的變化能力。雖然在Calder的雕塑作品中，主要的動態表現來自與自然不可預測的力量相互作用，但它仍然可以藉由改變系統中的其他參數，來獲得更大的可能性。例如，改變桿子的長度、物體的重量，和連接的位置。由1英尺（0.3公尺）的桿子構成的組合系統，從視覺上和行為上來看，都會與1公尺（3.3英尺）的桿子所製成的系統截然不同。

當參數的數值可以被改變時，我們稱之為「變數」。變數可以和數值不能改變的「常數」，像是地心引力，清楚地區分開來；或是和針對專案計畫的要求所設定的「限制條件」，例如，成本或可使用的材料等等，做清楚區分。這些不可改變的限制，為設計範圍設下界線。舉例來說，可掛飾的創作可能會受到房間的大小所限制，因此重量需要夠輕、夠堅固，才能吊掛在天花板上。儘管這三種參數類型都會影響設計形式及可能的範圍，但變數被認為是主要的變化軸心。藝術家可以經由人為，或代碼，來更改變數的設定，藉以找尋有趣的結果。

有時，變數的數值只有在一定的範圍內，才有意義。試著想像收音機上的調頻旋鈕，只有在刻度標示的頻率範圍內才收聽得到。收音機或許可以轉出這個範圍外的數值，但是其結果將不可預測，而且聽起來一定與正常的廣播非常不同。參數數值的設定範圍，是設計師在參數化系統中表達美學的一種方式。當然，也許不是所有的設定都能呈現美感，也不一定都能創造出有趣的結果。但是

就如同收音機上的頻率刻度，它的設定範圍可以被微調到更為準確的位置，以達到範圍更小但是更滿意的變化。

和個人電腦發明之前所使用的結構系統類似，隨機性是種有用的工具，能在參數化系統中，發現有趣的變化。隨機的數值，可以用來模擬我們物理現實中不可預測的特性，並產生意想不到的組合。儘管不像擲骰子一樣隨機，但代碼提供了另一種更有彈性的方法來創造隨機的數值。每個排序中的數字，和上一個數字都只有些微的差別，利用這種方式，便能產生出一連串隨機的數字；這種技術有助於模擬類似風、波浪和岩層等等的自然型態。[4]雖然使用隨機數值來尋找有趣的變化，並不是一個挖掘所有可能性有效率的方式，但它確實提供了一種方法，能夠鉅細靡遺地探索無邊際的參數空間，以便獲得可能的結果。即使在一套僅僅使用三個參數的小型系統中，每個參數囊括了零到一百的數值，就會有一百萬種可能性，這遠遠超過人們在有條理之下的探索所能達到的範圍。

註4.Ken Perlin 於1985年的發明「Perlin噪聲」，對於電腦圖像世界有著巨大的影響。這個生成紋理的手法，在電腦繪圖領域裡被廣泛地使用著；它被用來創造如煙霧、火焰、雲朵、有機的動態，以及視覺特效。

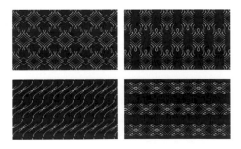

Two Space, Larry Cuba, 1979年
Cuba組合了一套九塊擁有十二種對稱花紋的拼貼，創造出一部迷人的動畫作品。黑白格式的圖樣，創造了視覺上的錯覺、正負空間的反轉效果，以及視覺暫留的現象。軟體的參數排列組合，讓拼貼能變化出任何一種圖案格式。

proximityOfNeeds, Lia, 2008年
Lia在螢幕底下提供了控制台,所以觀眾可以更改她軟體的參數設定,進而影響螢幕上演變的形狀。她也在她的視覺聲效表演中,即時地控制這些參數的變化。

Mortals Electric, Telcosystems, 2008年
這種複雜的現場視覺聲效表演,運用了超過人為所能控制的參數。它在自動感知系統與直接控制之間找到平衡,進而創造出超越創作者預期的聲波和視覺創作作品。

Sweep, Erik Natzke, 2008年
Natzke使用客製化繪圖軟體來繪製他的作品，這個軟體，可以在繪畫中提供藝術家開啟及關閉參數設定的選擇。

fractured landscape, Jean-Pierre Hébert, 2004年
本圖像中，所有的線條皆由代碼所產生，接著再經由大型的機械印表機，將圖像繪製在紙上。本書無法完全重現這幅厚重且高度精密的畫所擁有的質感。因為現代的印刷工藝，無法複製筆所能呈現的豐富線條，以及紙張所呈現的紙質。

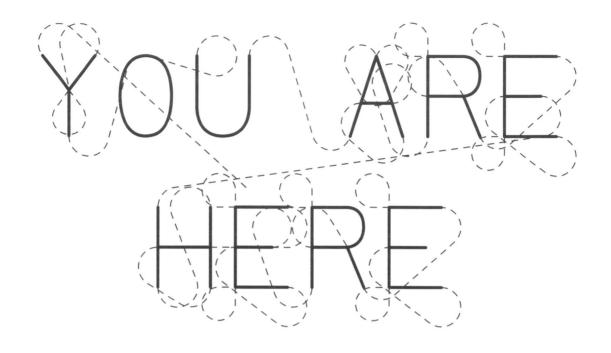

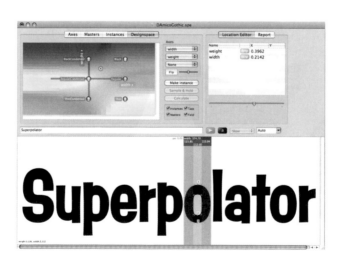

Scriptographer, Jürg Lehni, 2001年至今
這個外掛程式被用來為Adobe Illustrator編寫指令。在本頁的案例中，這個外掛程式被拿來計算電腦控制噴漆設備「Hektor」的動作路徑（以紅色虛線表示）。

Superpolator, LettError, 2007年
這個軟體把排版的字型安插在多個調整軸之間。舉例來說，較簡單的字體可以透過調整字的粗細程度和字寬等軸線創造出來。較為複雜的字體則可以調整X字高、字體上端線、字體下端線、字粗，和對比度等軸線。Superpolator提供了一個可以輕鬆調整軸線，並即時看到改變的介面。

參數化

參數化的技巧
變體字型

自從書寫系統發明以來，參數化的特色就一直蘊含其中；軟體的出現則加強了它的可能性。在古老的楔形文字中，每個符號都是用一種印在泥土中的楔形圖案製作成的。更改其參數，例如，楔形之間的空格數量或大小，決定了寫下來的是哪一個字。這種參數化的設定，在一定程度上持續存在於現代的字體設計中，尤其是Adrian Frutiger在1954年設計的「Univers」字體家族，更是關於這方面的里程碑。Univers是一個擁有二十一個相關字體的系統，這個系統圍繞著寬度、重量和傾斜度等參數所設計。字體範圍從Univers 39級超細壓縮體，到Univers 83級特粗體，基礎字體則是用Univers 55 Roman。

程式編寫的傳奇人物──Donald E. Knuth於1979年開始的Metafont程式語言是Frutiger合乎邏輯的下一步延伸計畫。做為第一個完全參數化的軟體字型，Metafont能夠創造出任何寬度和粗細的字母，因為每個字母都經由一個幾何方程式所定義。這個想法被Adobe以他們所擁有的多主（Multiple Master; MM）技術進一步商業化。如同Metafont字體一樣，諸如Myriad或Minion之類的MM字體，可以根據設計者的參數設定，進而產出不同的寬度或粗細。鑑於Adobe停止生產MM這一方面的技術，轉而支持OpenType格式，這種排版的彈性是否被需要？甚至是否可行？仍然是一個懸而未決的問題。不過，LettError公司的Superpolator外掛程式，還是繼續嘗試這種字體設計上的探索。

Ortho-Type, Enrico Bravi, Mikkel Crone Koser和Paolo Palma, 2004年
這種正字法投影式字體系統，提供了對於字體的3D視角、高度、寬度、深度、厚度和顏色的控制方式。

113

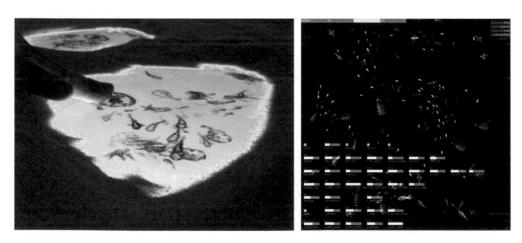

PuppetTool, LeCielEstBleu, 2002年
這個軟體左側的控制面板，能控制螢幕上的野生動物布偶。其功能可讓使用者重新擺放和扭曲動物的肢體關節與動作。

Oasis, Yunsil Heo和Hyunwoo Bang, 2008年
這個作品可以透過三十個以上的參數控制以及改變「綠洲」中水生動物的行為。做為設計過程的一部分，這個控制台讓使用者能在作品運行的同時更新動畫程序。

參數化

參數化的技巧

控制台

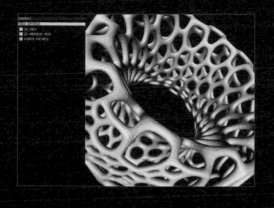

控制台是例如汽車、飛機、無線電和銑床等等電子設備或機械設備中的一組控制器。現今,控制台的實體結構已被轉移至虛擬的界面上。例如,許多電腦遊戲的螢幕底部有一組密密麻麻的控制按鈕,讓玩家能夠監看和控制遊戲的狀態。藉由控制台軟體所控制的數值,和程式中的變數串接在一起,它們就能改變程式的狀態,而不用重新撰寫代碼。用戶因此可以進行程式操作,即便他們並不知道如何編寫代碼;程式設計師也可以即時查看任何變動,而不用因此將程式暫停、更改代碼中的變數,然後再重新啟動。控制台被應用在各式各樣的作業界面上,包括了建築設計、飛行模擬機,或者在社群網路上創造一個虛擬的化身。

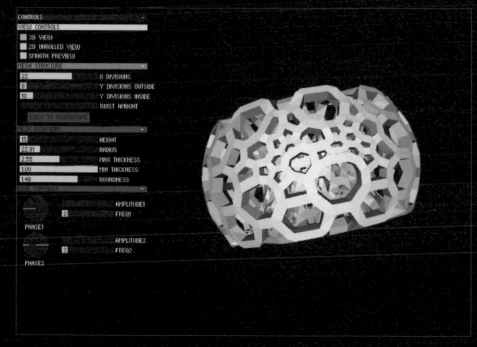

Cell Cycle, Nervous System工作室, 2009年
Cell Cycle是一套用來設計首飾的控制介面,它不需要直接編輯代碼,就能在介面中控制該網狀結構,並細分稱為「細胞」的結構細節。經由這個軟體所設計出的幾何形狀,可以運用3D列印製成手環或手鐲。

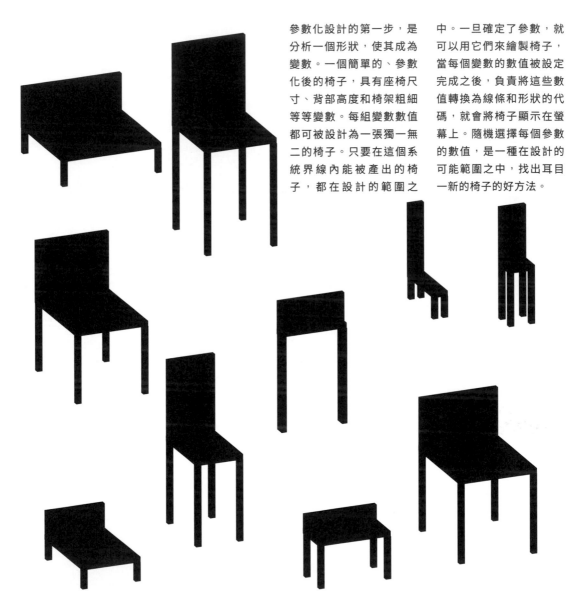

代碼範例
椅子

參數化設計的第一步,是分析一個形狀,使其成為變數。一個簡單的、參數化後的椅子,具有座椅尺寸、背部高度和椅架粗細等等變數。每組變數數值都可被設計為一張獨一無二的椅子。只要在這個系統界線內能被產出的椅子,都在設計的範圍之中。一旦確定了參數,就可以用它們來繪製椅子,當每個變數的數值被設定完成之後,負責將這些數值轉換為線條和形狀的代碼,就會將椅子顯示在螢幕上。隨機選擇每個參數的數值,是一種在設計的可能範圍之中,找出耳目一新的椅子的好方法。

程式碼可以在這個網址下載 http://formandcode.com

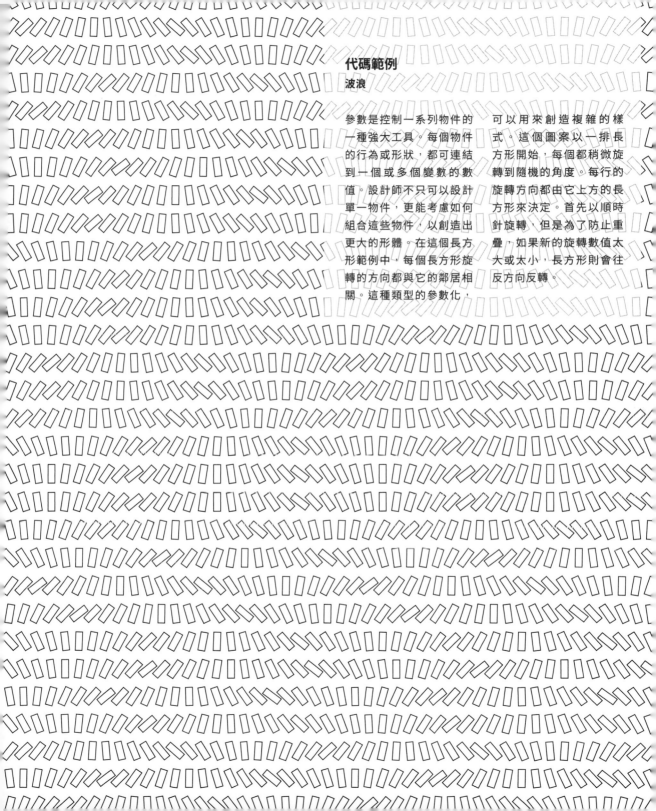

代碼範例

波浪

參數是控制一系列物件的一種強大工具。每個物件的行為或形狀，都可連結到一個或多個變數的數值。設計師不只可以設計單一物件，更能考慮如何組合這些物件，以創造出更大的形體。在這個長方形範例中，每個長方形旋轉的方向都與它的鄰居相關。這種類型的參數化，可以用來創造複雜的樣式。這個圖案以一排長方形開始，每個都稍微旋轉到隨機的角度。每行的旋轉方向都由它上方的長方形來決定。首先以順時針旋轉，但是為了防止重疊，如果新的旋轉數值太大或太小，長方形則會往反方向反轉。

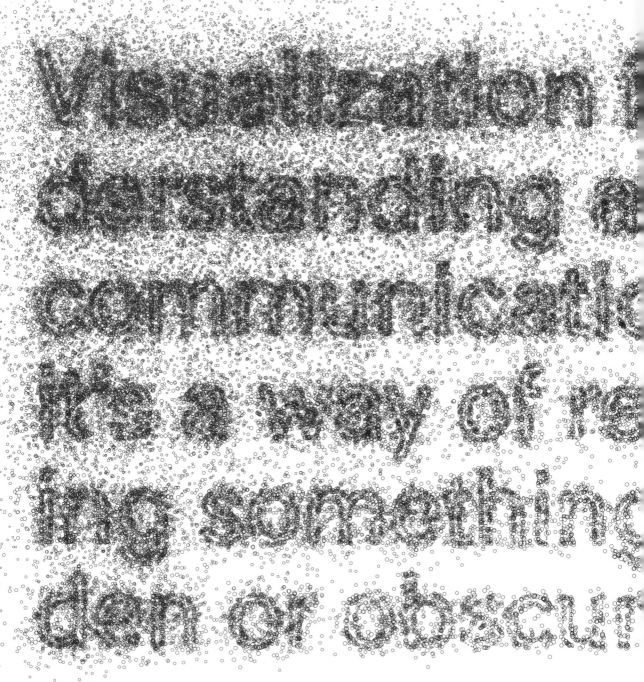

Visualization is under-standing and communication. It is a way of rendering something hidden or obscure.

視覺化

視覺化

試想紐約市複雜的地下鐵系統。紐約的地鐵圖條理化了這個複雜的交通系統，幫助乘客從一個地點前往另一個地點。其視覺化後的地圖移除了不必要的地理細節，並增加了關於火車時刻表和轉運服務等等資訊。即便紐約的地下鐵系統還是難以來去自如，但視覺化後的清晰地圖讓人能更從容地使用它。「地圖」是一種早期的視覺化形式──例如，天體圖在有歷史紀錄之前，就已存在。但地圖視覺化只是設計師可以運用的無數技巧之一。視覺化也有助於傳達抽象的訊息和複雜的過程。

左圖的字母是由粒子系統所創造。粒子首先會被相連區域內的特定位置所吸引，然後，隨著時間的增加，再朝著單一個點的位置慢慢移動。這個軟體展現了數據資料視覺化的潛力，使原本混亂的系統變得清晰。

形狀裡的數據

人類對於運用圖像形式所呈現的資料，有異常的理解能力。就像學者Stuart K. Card所說：「我們把理解某件事叫做『瞭解』。我們試圖讓想法更加『清楚』，更『聚焦』，試著『整理』我們的想法。」[1]如同文字書寫，視覺語言的組成也是為了構建意義。我們的大腦內建了能理解視覺語言的能力。相較之下，即使是閱讀報紙上最簡單的文章，都需要多年的學習才能發展出這樣的能力。心理學家Gestalt早在二十世紀初期，就已開始探索視覺理解性的基本原理，現今在認知心理學的領域裡，則有更深入的研究。這項研究的發現，已經被包括György Kepes、Donis A. Dondis和Rudolf Arnheim等這些在視覺藝術領域的教育工作者，以及William Playfair、John Tukey和Jacques Bertin等視覺化創作先驅們的作品所傳達。結合我們人類與生俱來的知識，搭配上後天技能的學習，資訊呈現的技巧讓訊息更容易被理解。在《The Visual Display of Quantitative Information》一書中，Edward Tufte呈現一組數據，並重現了支持這個數據的證據。他將表格化的資訊以散點圖的呈現方式進行比較，以便了解當數據以第二種格式呈現時，其模式立刻變得一清二楚。

Bertin在他的著作《Semiology of Graphics: Diagrams, Networks, Maps》中，提出了另

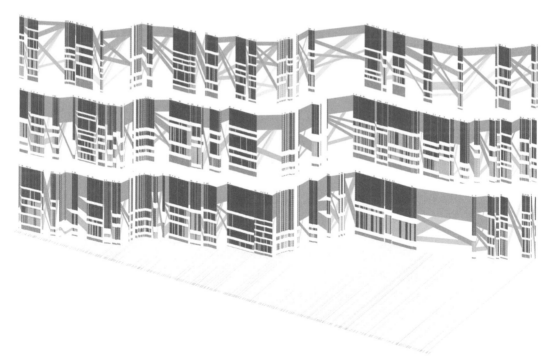

isometricblocks, Ben Fry, 2003年
Fry與哈佛大學以及麻省理工學院所共同創立的布洛德研究所（Broad Institute of MIT and Harvard）有著密切的合作，他們運用了人類基因組的數據，共同創作了這個視覺化作品。它呈現了大約100人的基因組數據裡的單遺傳密碼子的變化。這個作品流暢地轉換觀看同一組數據通常所使用的方式，也因此揭露了不同觀看技術之間的關係。

註1.Stuart K. Card, Jock Mackinlay, and Ben Shneiderman, Readings in Information Visualization: Using Vision to Think (San Francisco: Morgan Kaufmann, 1999), 1.

註2.Edward R. Tufte, Visual Explanations: Images and Quantities, Evidence and Narrative (Cheshire, CT: Graphics Press, 1997), 45.

一個清楚的例子，用來闡述視覺傳達能力的力量。

右圖左邊和右邊的法國地圖，各自擁有相同的社會學統計數據，並以縣（Canton）來區分（法國的領土分區方式）。右側的圖將每個數字替換成大小與數值相對應的圓點。我們可以花時間去分析左邊的地圖，看看哪一區聚集了較大的數值，但是在右邊的圖上，我們可以一目瞭然地發現，左上角的比重是比較高的。

在同一本書中，Bertin運用了一系列可以使用視覺來區分資料組成的變數，像是：大小、數值、紋理、顏色、方向，和形狀。例如，使用條形圖來代表高度，能區分出不同的數據；而交通地圖上的不同列串路線，通常使用顏色來區分。只使用單一變數的視覺化作品，每個元素可以被單獨使用。當多個變數同時使用時（包含不只一個變數），不同的呈現方式則會被結合。

當數據被應用於表格上時，總是會牽涉到合適性的問題，這意味著這些數據是否真的適合這樣的呈現方式。運用視覺化手法的作品，不但能啟發我們的想法，卻也可能造成不必要的誤導。正如Tufte在《Visual Explanations: Images and Quantities, Evidence and Narrative》中警告的：「顯示數據資料，有正確的方式和錯誤的方式；有的揭示事實，有的則不。」[2]在Bertin的法國地圖中，合適的呈現方式，點出了隱藏在數據資料背後的訊息。因為每份數據來自一個特定的縣，所以將數據與它在地圖上的位置相連結，可以讓我們一探整體區域的數據模式。若換個方式，按字母順序在表格中呈現這些資料，就無法呈現出相同的數據模式。但是把相同的視覺化技巧應用在不同的地圖上——例如，歐洲的地圖——也一樣不會有效果。Bertin的地圖可行，是因為法國每個縣的大小大致相同，但歐洲國家之間大小的巨大差異，會稀釋掉詮釋這個視覺作品的必要條件。在這種情況下，數據與來源（法國的地理）緊密相關，但在其他情況下，數據可能會變得像是要在文字語言中來形容圖案一樣的抽象。下一小節的視覺化技巧中，會介紹呈現數據資料背後模式的其他選項。

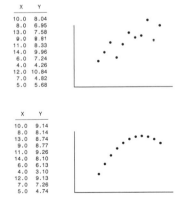

Vinec, Catalogtree, 2005年

這張圖顯示了早上七點三十六分到九點十三分之間，10,000輛穿越一座橫跨荷蘭阿納姆和奈梅亨市之間橋樑的汽車數據。水平軸向的每個數據顯示了車輛之間的距離，垂直軸向則是監測到的速度和限速之間的落差。

視覺化

FD-6

Flocking Diplomats, Catalogtree, 2008年
在1998年到2005年間，紐約市的外交官違規停車了143,703次。這個視覺化作品顯示了每一次的違規所發生的位置，圖的中心點是聯合國總部大樓。

Newsmap, Marcos Weskamp, 2004-2009年

這個作品視覺化了Google新聞搜集器不斷變化的面貌。此介面,讓用戶能夠同時查看來自十一個國家的新聞,以及七種類別的文章。

視覺化

註3.Ben Shneiderman and Catherine Plaisant, "Treemaps for space-constrained visualization of hierarchies," http://www.cs.umd.edu/hcil/treemap-history/.

視覺化的技巧有上百種，這些技巧可以被整合成不同的類別，像是表格、趨勢圖、示意圖、各種圖形和地圖。當我們在創作視覺化的作品時，通常會根據資料的組成，以及這個視覺作品想要傳達的訊息來選擇某種特定方式，而不是其他種。出現在報紙上的數據呈現方式，如條形圖、餅圖，和線圖，都是在人們還未依賴軟體之前所發明的。事實上，最常用的數據呈現技術僅只適用於表示簡單的數據（一維和二維數據組）。這些技術都被內建在通用的軟體工具，如Microsoft Excel，Adobe Illustrator和其他的相關程式裡。資訊視覺化曾經是一門專業，而如今正演變為大眾文化的一部分。

撰寫新軟體，是一種能超越常見的數據資料表現手法的途徑。當研究人員和設計師編寫軟體來實現日益增加的需求時，新的視覺化技術則如雨後春筍般地出現。矩形樹狀結構圖是一個用來解釋視覺化的開端和發展過程的好例子。它也進一步呈現了一項技術如何由研究團隊發明，然後經由設計師在不同領域中運用，使得其視覺更加精緻。

矩形樹狀結構圖是一種視覺化的方式。它利用串連的矩形，來呈現一個或多個數據組成之間的關係。它能藉由比較簡易的2D矩形尺寸，達到良好的資訊傳達效果。第一個矩形樹狀結構圖的身世，從一開始一直到現在，都被這個技術的創始人──馬里蘭大學的教授Ben Shneiderman記錄了下來。[3]第一個矩形樹狀結構圖在1991年被開發出來，用來顯示電腦硬碟上的內存使用情況。在後繼響應的應用程式和其自身進一步的發展之後，矩形樹狀結構圖在1998年藉由smartmoney.com所創造的網路應用程式 Map of the Market，正式被引介給一般大眾。這個應用程式把原本矩形樹狀結構圖瘦長的分區形狀，進一步改成了接近方形，所以更容易閱讀其資訊。

介面設計師Kai Wetzel在2003年所探索的圓形樹狀結構圖技術，更進一步地向前推動了樹狀結構圖的形式。Wetzel將此種呈現方式當做發展Linux系統操作界面的許多想法之一。他意識到這種方法較浪費空間，會令演算速度較為緩慢，但每個節點的寬與高則擁有一樣的比例。Marcos Weskamp於2004年製作的應用程式Newsmap，則是將矩形樹狀結構圖運用在Google新聞搜集器所編輯的新聞頭條上。矩形樹狀結構圖使得每個新聞類別裡刊登了多少文章，一日瞭然。舉例來說，這樣的視覺化能更清楚呈現在英國發表的文章裡，數量最多的是世界新聞，而不是國內的故事；在義大利則正好相反。到了2007年，透過細節的精進，這種矩形樹狀結構圖技術已經變得無處不在，也被運用在《紐約時報》上，期望一般觀眾都能夠理解它的好處。

Treemaps, Ben Shneiderman和Brian Johnson, 1991年
這個視覺化作品，描繪了由十四個人共享的連線電腦硬碟裡的文件內容。它展示誰使用了最多的空間，哪些大型文件（用大矩形來表示）可以被刪除，以騰出更多空間。

Circular Treemaps, Kai Wetzel, 2003年
像原來的矩形樹狀結構圖一樣，這種視覺方式也描繪了硬碟上的文件空間。在這個變奏版中，文件的新舊，用顏色顯示。紅色用在新文件上，而最舊的文件是柔和的黃色。

動態篩選

現代化的數據分析時代，起源於1890年的美國人口普查。人口普查局意識到由於人口增長過於迅速，用現有的分析方法，在新搜集的數據還在進行評估時，就已過時了。因此Herman Hollerith被委託製造一台機器來自動化這個過程。他成功地開發了打印卡來存儲數據，並製作一台機器讀取這些卡片。從那時開始，運算機器史無前例地實現了獲取數據的能力。今日，我們不再可能只靠著靜態的紙張來呈現資訊。訊息時代創造的大量資訊，使得軟體分析成為必要的新形式。

當我們擁有的數據遠超過我們一次可以瀏覽的數量時，就需要限制顯示的數量。這個過程稱為篩選或是查詢。網路搜尋就是一種篩選行為。網際網路是一個非常龐大的數據來源，要從中獲得所需的資料，就要以搜尋關鍵字的方式，限制每次使用時所看到的內容。過濾的工具可以提供不同的控制等級，

通常是對應一般使用或進階使用兩種類型。例如，當搜尋網路時，可以只輸入關鍵字做簡單的搜索，但也可以擴大選擇條件，像是文件類型和日期，來進一步精簡搜尋結果。房地產資料庫龐大的數據資料，是一個使用篩選方式而變得更加有用的好例子。如果你只是要尋找某種型態的房子，那麼找遍資料庫裡所有可用的公寓、房屋和物產是沒有什麼意義的。這種工具對於按特定價格、尺寸，或位置的搜索特別有用。事實上，馬里蘭州大學1992年的研究項目，由Christopher Williamson開發的Dynamic Home Finder就是一個這樣的系統早期原型。

由Laura以及Martin Wattenberg所製作的NameVoyager，是一個可以清楚地解釋如何以動態篩選方式做為起點，實行連續性視覺化效果的好例子。這個作品提供了一個簡單的方法，來觀察從1880年代到現在，美國

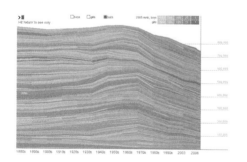
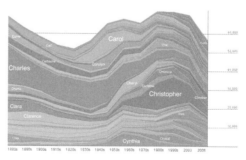

NameVoyager, Laura和Martin Wattenberg, 2005年
NameVoyager顯示了從1880年代直到現在，美國嬰兒名的普及度。每個名字色帶的寬度，顯示每年取這個名字的嬰兒數量。使用者可以點擊各個名字的色帶，或透過直接打字來選取想查詢的名字。輸入單個字母，能把搜尋濃縮到只以這個字母為開頭的名字。如果再多輸入一個字母，就能再更進一步縮小搜尋範圍。

視覺化

普遍使用的將近5,000個嬰兒名字受歡迎的程度。例如，透過鍵入Deanna的名字，我們看到這個名字起源於1920年代，在1960年代末達到頂峰，此後就變得不太常見。介面以數據組中呈現所有名字的色塊堆疊圖開始，當輸入一個字母後，搜索就會縮小到只顯示以輸入字母為開頭的名字。例如，輸入字母C，便展現了Christopher和Charles在歷史上受歡迎的程度。在C後再加上A和T，會從以Cat-做為開頭的名字排列，顯示出Catherine是最熱門的，也能發現Catalina和Catina，與其他的名字相較之下，相對地不常見。

一堆照片也可以是被篩選和瀏覽的資料庫。線上數位照片的激增，創造了一個可以經由圖像搜索來進行探索的迷人數據資料庫。Jonathan Harris的作品「The Whale Hunt」是導航大量系列圖像的一個經典範例。他前往阿拉斯加，參加了一個因紐皮雅特人家庭的捕鯨活動。從他離開紐約市，到九天後回到家，這期間，一共拍攝了3,214張照片。在一般的情況下，圖像會依序呈現，但他也允許觀看者用其他方式來體驗這組照片。你可以在時間軸上跳轉到任何影像、暫停，或是改變速度。但更有趣的是，使用者可以根據不同的類別來選擇某部分的圖像。藉由使用其流暢且簡約的介面設計，我們可以由概念（例如，血、船、建築物）、背景（例如，紐約市、阿拉斯加州、Patkotak自宅），或照片中的人物（例如，Abe、Ahmakak、Andrew）來進行重新篩選。在進行一個或多個選擇之後，圖像順序會被自動重新編輯，藉由圖像傳遞的故事一再改變，也反映出篩選手法的作用。

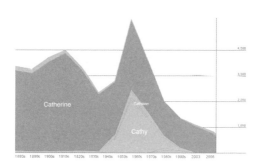

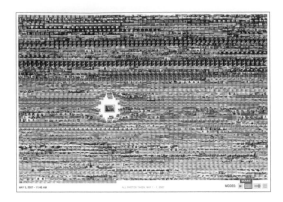
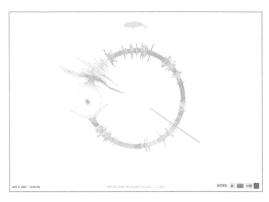

The Whale Hunt, Jonathan Harris, 2007年

The Whale Hunt是一個實驗性的故事敘述介面。觀眾可以重新排列故事的照片元素,以摘錄多個聚焦於不同人物、地點、主題,或是其他變因的子故事。

視覺化

The Secret Lives of Numbers, Golan Levin與Martin Wattenberg, Jonathan Feinberg, Shelly Wynecoop, David Elashoff, 和David Becker, 2002年
這個網路作品，顯示零到一百萬之間所有的整數在網頁上所出現的頻率，進一步呈現這些數字相對受歡迎的程度。這個能夠探索巨大數據資料庫的介面，提供了一個新穎的視角來觀察我們的社交模式。Levin說：「某些數字，像是212、486、911、1040、1492、1776、68040，或90210，比相鄰的數字出現的頻率更高，因為它們被用來做為電話號碼、稅單、電腦晶片、著名的日期，或是在我們的文化中占有一席之地的電視節目。」

瀏覽

像是翻看陶板，或是在一個畫滿象形文字的房間中移動，又或者是捲起及展開卷軸，或許都能算是早期瀏覽數據的一種模式。早期的書籍在卷軸的基礎之上進行改進，因為它們能讓讀者在文章中各個部分快速移動，並且體積更小，更容易攜帶。但諸如索引、頁碼，和目錄之類的書籍規範則發展得很緩慢。儘管經過數千年的精進和網際網路的廣泛普及，我們現在仍然以滾動的方式來瀏覽頁面。在網路上查看和瀏覽網頁的特殊工具是「超鏈接」，一種能從一個頁面連結至另一個頁面的鏈接。Ted Nelson在1960年代創造了「超文本」這個詞彙來描述這個概念。從那時候起，設計師和研究人員便藉由軟體編寫，來推動創新的瀏覽概念。

在此舉一個例子：想像一本同義詞辭典中的內容，除了一個接一個的單字之外，還有幾千個相互關聯的單字組合列表。要查看這些資料，你可以查一個單字，然後或許會因它而跳到另一個單詞，依此類推。即使尋找每一個單詞需要的時間很少，也會耽誤到順暢的閱讀流程。由Thinkmap編寫的The visual Thesaurus軟體，使得瀏覽語言的關聯性變得更加流暢。這個軟體會顯示和當前選擇的單字相關的單詞網。點擊其中一個在外圍的字彙使其成為中心，就會出現與其相關的新字彙，而先前的關係則會消失。這個介面讓使用者可以查看當前所選字彙與其相關的脈絡，但是避免用了其他不相干的資訊壓垮了使用者。

空間瀏覽是探索數據資料的一種新興技術，但它的起源已有數千年之久。古代的記憶技巧——「位置記憶法」，有時被稱為「記憶宮殿」，將資訊放在腦海裡想像的房間內，用精神性的空間瀏覽，來加強回溯相關聯的數據資料。

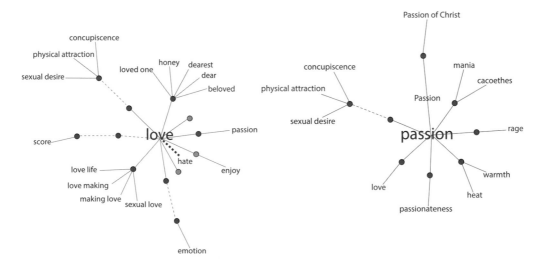

Visual Thesaurus, Thinkmap, 1998年至今
當我們選擇了一個單字時，便會出現一組新的相關詞彙。在這些圖像中，顯示著從「愛」到「激情」、「憤怒」到「暴力」的路徑。相關的詞彙用灰線相連，反義詞則是用紅色虛線連接。不同的語言格式（動詞、名詞等等）則被編碼為彩色的。這個作品可在下列網址被實際操作：www.visualthesaurus.com。

註4.William Gibson, <u>Neuromancer</u> (New York: Ace, 1984), 51.

註5.Lisa Strausfeld, "Financial Viewpoints: Using point-of-view to enable understanding of information," http://sigchi.org/chi95/Electronic/documnts/shortppr/lss_bdy.htm.

William Gibson的科幻小說，介紹了關於數據空間瀏覽的有趣概念。在1984年出版的《<u>Neuromancer</u>》中，他寫下了關於「數據相關領域」的多樣性，並描述了對網路空間的願景：「數據資料的圖形呈現方式，由人們每台電腦的資料庫轉化抽取出來。」[4]雖然Gibson的世界是虛構的，但設計師Lisa Strausfeld在1995年開發了一個與之相關的現實世界概念。她對她的軟體Financial Viewpoints描述如下：

想像你自己沒有形狀或體重。你處於一個零重力的空間，然後你看到遠處的一個物體。當你飛向它時，你可以辨認出它是一個金融投資組合。從這個距離來看，它的型態表明投資組合的表現很好。你繼續走近了一些。當你更靠近這個物體時，你穿過了一個有關於淨資產和總體回報統計資訊的空間。你持續向前。突然你停下來，環顧四周。金融投

資組合不再是一個物件，而是你現在居住的空間。訊息圍繞著你。[5]

當時，Strausfeld是麻省理工學院媒體實驗室的可視語言研討會（Visible Language Workshop; VLW）的研究助理。研究小組由Muriel Cooper指導，他的研究是利用軟體應用程式，來探索平面設計在新的通訊時代的意義。該小組的另一位研究人員David Small則使用軟體在可被導覽的空間中呈現大量的文本。他的「<u>Virtual Shakespeare</u>」作品在一個不間斷瀏覽的空間中，呈現了莎士比亞（William Shakespeare）的全部作品。從遠處看，只有各個戲劇的名字，如《哈姆雷特》（<u>Hamlet</u>）和《亨利五世》（<u>Henry V</u>），但隨著你靠得愈來愈近，這些劇幕以矩形的樣子映入眼簾，最後則可以閱讀其中的對話和舞台指導。

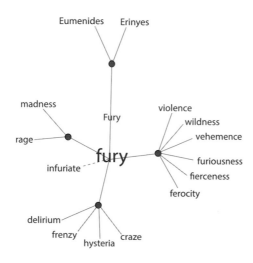

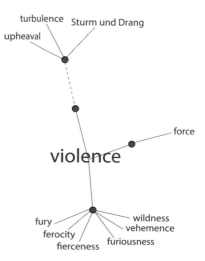

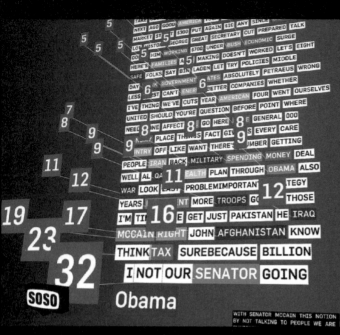

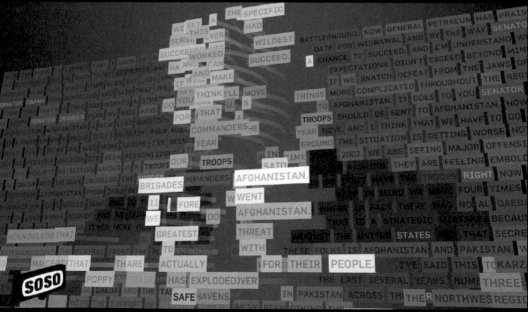

ReConstitution, Sosolimited（Eric Gunther, Justin Manor, 和John Rothenberg），2008年

在歐巴馬（Barack Obama）和約翰‧麥凱恩（John McCain）所舉行的三次總統選舉辯論期間，這個軟體被撰寫來運用在現場直播的演說時刻。演算法

應用在直播圖像和隱藏的字幕上，動態地視覺化了他們的辯論中語言的使用方式。

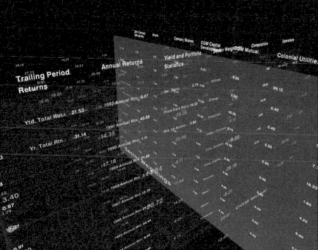
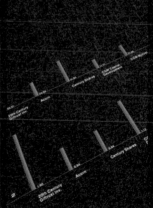

Virtual Shakespeare, David Small, 1994年
利用軟體動態縮放文字的能力，Small將莎士比亞所有的戲劇都呈現在一個可被瀏覽的環境中。從遠處看，每一齣劇排起來像一條線。隨著你更接近地瀏覽，每個角色的細節對話都會被顯示出來。

Financial Viewpoints, Lisa Strausfeld, 1995年
Strausfeld將她的作品定義為「一個實驗性的3D訊息互動空間，它的空間和體積代表了七個共同基金的交易量。其內容用3D圖來表示，使用者可以移動訊息中的內容，在這個無止境的環境中查看各式各樣的資訊簡報」。

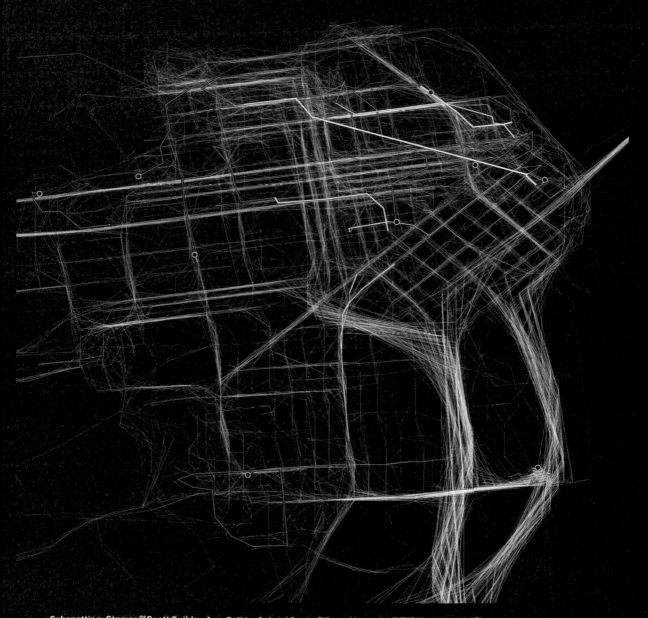

Cabspotting, Stamen與Scott Snibbe, Amy Balkin, Gabriel Dunne和Ryan Alexander共同設計, 2006-2008年
為了調查計程車在舊金山灣區周圍的活動，他們在車上設置了全球定位系統（Global Positioning System, GPS）裝置。以連接點與點之間的線條來表示GPS
所提供的位置資料，也因此呈現出計程車行駛在城市時的路線。線的密度顯示出城市街區的設置和流動模式。

視覺化的技巧
時間序列

時間序列視覺化，是將長時間所收集的資料呈現在單一的影像內。它可以將動態壓縮成單個影格。時間序列影像可以是單一、靜態的影像，也可以是以數據組成的動態影像。當使用時間做為順序排列的原則，便能看清楚變化的過程。

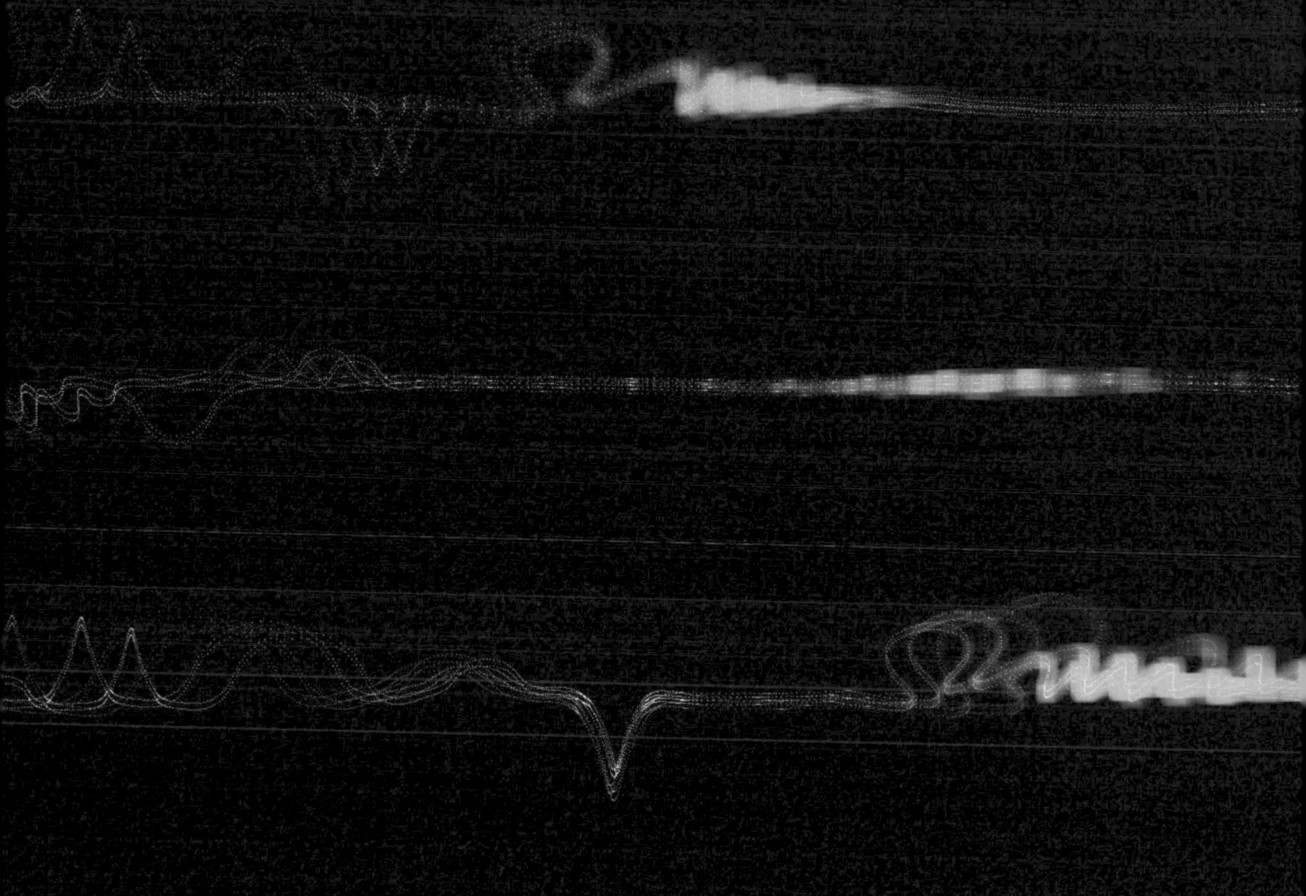

Takeluma, Peter Cho, 2005年
Takeluma是一種創新的字母表，用來表現人類言語的節奏和其重音。每個字母都和子音或母音發聲的視覺表現息息相關。Takeluma的字符和任何我們已知的字母不同，但它模擬了英文中的每一個字母。這種語言的表達方式是單一條流動的線。上圖所表示的是阿姆斯壯（Neil Armstrong）的名言：「我的一小步，是人類的一大步。」

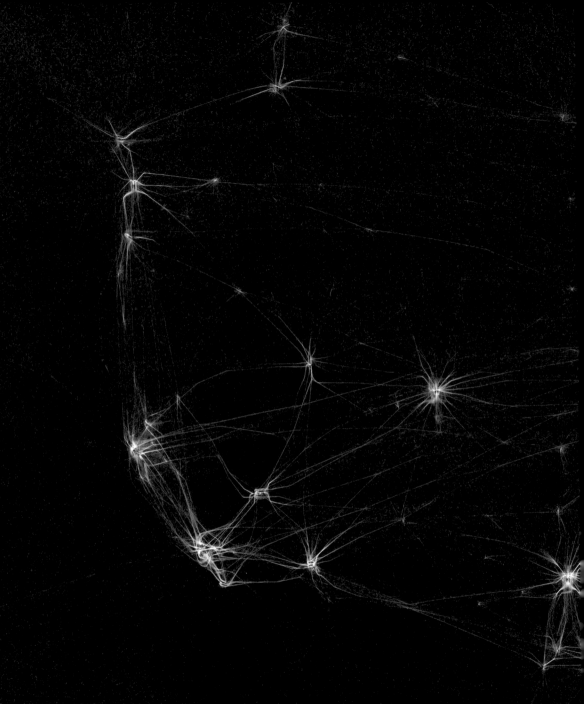

Flight Patterns, Aaron Koblin, 2005-2009年
每一架飛機的動態路徑都以線段來呈現，無論是飛機現在以及之前的所在位置，也因此意味著每架飛機航行的目的地。這張圖洞悉了這些遠離地面、存在於
自然界的隱形高速路線。我們也可以藉由圖案的密度來查看出人口的分布。

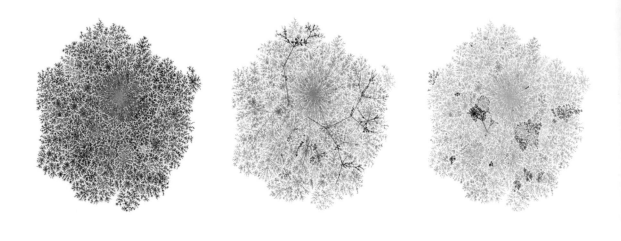

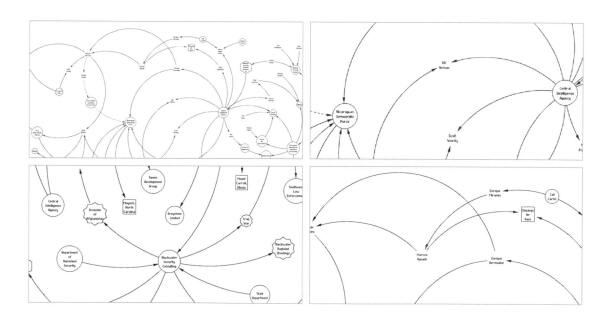

The Internet Mapping Project, Bill Cheswick和Hal Burch, 1998年
這些圖像,是首次嘗試運用適合的視覺形式來描繪網路。他們引發了大眾的想像力;從左到右:按照測試主機的距離來用色依據,依照最頂級域名(黑色區域為.mil網站)著色,以及根據網路服務提供商來著色。

Power Structures, Aaron Siegel, 2008年
上圖是以藝術家Mark Lombardi的作品為基礎,他的專長是將犯罪和陰謀的資訊描繪成一幅幅視覺系統。這件作品是一個關聯性的數據庫和繪圖工具,讓使用者能提供數據資料,並以此來描繪其之間的關係。

視覺化

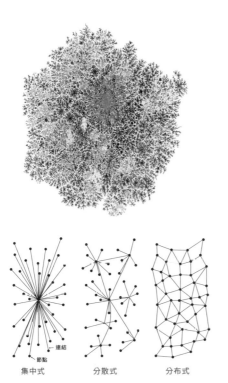

連結
節點

集中式　　　分散式　　　分布式

視覺化的技巧
網絡

隨著社會、政治和科技網絡變得更加密集和複雜化的同時，人們對於視覺化的興趣也愈來愈廣。具啟發性的視覺化作品，能幫助我們更加了解那些有時無法被看見的關係，卻真真切切地影響著我們的世界。網絡圖表經常包括兩種類型的元素：節點和連結。節點是個人元素（一個人、一個國家，或一台電腦）；連結則顯示節點之間的關係。視覺化作品協助我們看到不同類型的網絡：集中式（星型）、分散式（混合），和分布式（網格或網狀物）。1962年時，網際網路概念建構者之一的Paul Baran，把這些不同的組織方式優雅地描繪而成了圖表。

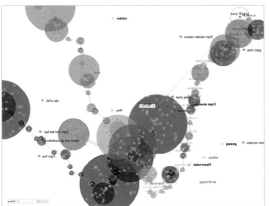

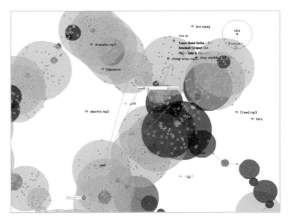

Minitasking, Schoenerwissen / OfCD, 2002年
隨著網路共享文件的興起，Anne Pascual和Marcus Hauer二人組創造了「Minitasking」這個作品，來呈現透過Gnutella文件共享網路所創立的臨時網路，這是一種用於點對點共享文件的網路協定。當交易發生時，數據資料會被傳送至視覺化環境中，顯示其結構、文件名稱，和頻率。

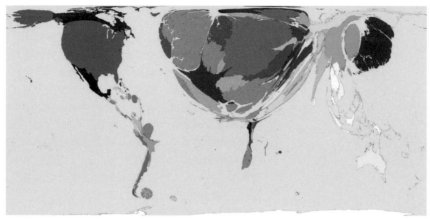

旅遊支出

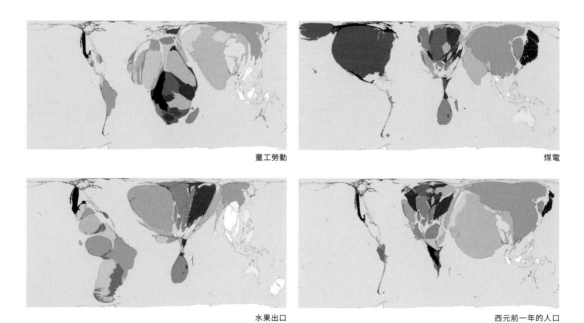

童工勞動

煤電

水果出口

西元前一年的人口

Worldmapper.org, 2006年

這些統計地圖，結合各個區域的實際大小以及研究數據進行變形。例如，在代表火力發電的地圖中，領土面積的大小，呈現了從該地區產出的煤炭轉換成電力的全球比例。由於美國煤炭產生大量的能源，所以其面積大小會比生產量較小的國家更大。這種類型的地圖，能幫助讀者立即看到差異；從最上圖起，按順時鐘順序顯示著：旅遊支出、煤電、西元前1年的人口、水果出口，和童工勞動的全球性比例分布。

視覺化

視覺化的技巧
動態地圖

大多數的地圖,都在單一平面上顯示了多層的訊息。例如,一張地圖可能會顯示道路、地標、地形,和政治性的疆界等等。因為人們非常熟悉地圖的資訊複雜度和呈現方式,這為在地圖上添加一層訊息,建立了良好的基礎。而對此增加時間和幾何性的扭曲變化,是將這常規框架有效地往前推進的兩種方式。

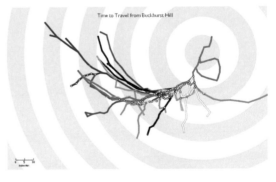

Impressing Velocity, Masaki Fujihata, 1994年
Fujihata用他上山(見中間圖)和下山(見下圖)收集的GPS數據,扭曲了一張富士山的3D圖像。在富士山頂峰的極端變形,反映出到山頂附近變慢的登山速度。

Travel Time Tube Map, Tom Carden, 2005年
這張地圖,把Henry Beck的經典地鐵圖當做一個具變化性的空間,來重新進行塑造。它彎彎曲曲地呈現出兩站之間所需的通勤時間,而不是只有簡單地排列它們的順序。當選擇了一個車站後,它就會成為圖表的中心,所有其他車站都在這個同心圓內一一排列,顯示出抵達此地所需的行車時間。

141

Superformula, David Dessens, 2008年

自2006年以來，Dessens一直運用「超級公式」（Superformula）做為動態視覺作品和動畫的基礎。上列作品描繪的圖案，便是使用這一個方程式來進行繪製的。

視覺化

視覺化的技巧
數學視覺化

人類在電腦還未被發明以前，就創造出圖像，以便能進行計算、視覺化和思考數學問題。例如，Euclid（大約西元前300年）建構了圖表，來呈現幾何元素和物理模型之間的關係。Möbius的紙模型和Klein bottle的玻璃模型，讓更多人能夠理解這些有趣的形體——並遠遠超出那少數能讀懂背後方程式的人。在個人電腦時代之前，1961年由Eames Office推出的Mathematica展覽，展示了圖形、物體，和機器裝置，以揭開基本數學原理的神秘面紗。Mathematica同時也是一個在科學領域中，用於計算和視覺化的強大程式名稱。這個程式與其他的軟體開發計畫，一起釐清了通往新的數學視覺化類型的道路，其中也包括廣為人知的Mandelbrot集合分形圖像。數學家、藝術家，和建築師，正積極地鑽研數字和方程式的結構，用以產出更多具樂趣和洞察力的視覺圖像。

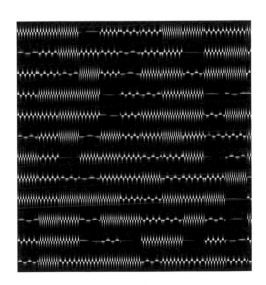

EPF:2003:V:A:997141, Kenneth A. Huff, 2003年
Huff使用了質數的特性，來訂定這個作品的基本結構，除此之外，並再加上深度、紋理和照明等特色，進而創作出這個奇妙的形式。每一段旋圈的長度都由不同的質數來決定，因此每個都是獨一無二的。

Algorithmic Visualizations, George Legrady, 2002-2005年
這些圖像是運用數學方程式所進行創造，它們的起源是圖像處理演算法。Legrady對著方程式「塑型」和「揉捏」一番，進而影響它們的視覺呈現。

the and I
of to my a in was
that me but had
you which it his as
this from her have be when
your him an so they one all could
or are we who no more these now should
them am upon our into its only did do life
shall eyes said may time being towards how even saw
mind any again there heart day felt whom death after where
up made never many still while passed during also thus miserable
sometimes us love clerval over little human appeared indeed often
although until several among cottage feel ever whose see old away hope well
cannot voice another days happy sun poor horror much years men alone scene ice

這個範例載入、分析並且視覺化了一個大型線上電子書蒐集計畫──Project Gutenberg之中的文字訊息。本頁所呈現的圖，便是該程式對於下列兩本書的分析：Mary Shelley的《Frankenstein》和Bram Stoker的《Dracula》。每一個詞的尺寸大小和它在書中被使用的次數相關聯。在一些語言分析程式中，英文中最經常使用的詞──冠詞和代名詞，通常不被包括在視覺化的分析中，因為它們太常出現了。

程式每次加載一行句子，並把每一行句子拆分成各個單字。對於每個單字，它會檢查它是新出現的，還是已經在內文中使用過了。如果是個新的單字，程式將會將它添加到不斷加長中的列表裡。如果它已經在列表裡了，程式會增加它在書中被使用的次數。當整本書籍都閱讀完畢之後，程式會依照列表上每個單字被使用的次數進行排序。

the and i
to of a he in
that it was as we for
is his me not you with my
all be so at but on her have
had him she when there which if this
from are said were then by could one no do them
what us or they will up must some would out shall may
our now know see been time can more has am come over van
came your helsing went an like into only who go did any before very
here back down well again even seemed about room lucy way such good man took
mina much how though think saw their dear night than where too through hand after
face door should tell made poor dr sleep jonathan old away own eyes looked friend great
once things other get just look little make day got might yet professor found count thought off god
take let work long say life something men asked told oh last heart place without fear arthur till first its
myself two house ever done knew never himself still window began nothing quite harker find coming same these blood
want diary white mind head put many mr hands round

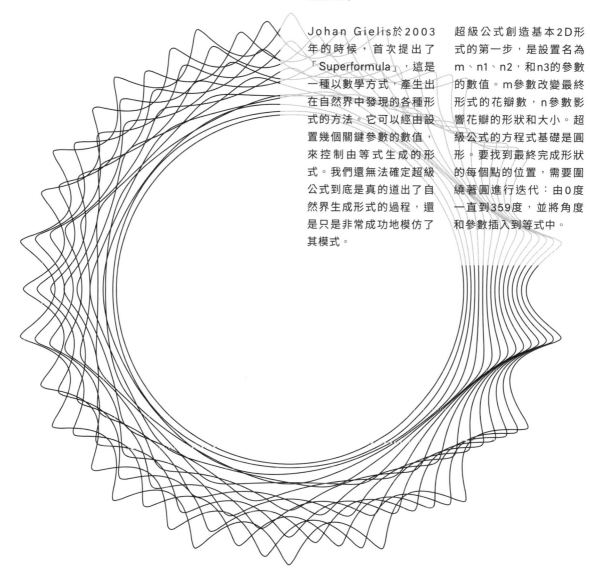

代碼範例
超級公式

Johan Gielis於2003年的時候，首次提出了「Superformula」，這是一種以數學方式，產生出在自然界中發現的各種形式的方法。它可以經由設置幾個關鍵參數的數值，來控制由等式生成的形式。我們還無法確定超級公式到底是真的道出了自然界生成形式的過程，還是只是非常成功地模仿了其模式。

超級公式創造基本2D形式的第一步，是設置名為m、n1、n2，和n3的參數的數值。m參數改變最終形式的花瓣數，n參數影響花瓣的形狀和大小。超級公式的方程式基礎是圓形。要找到最終完成形狀的每個點的位置，需要圍繞著圓進行迭代：由0度一直到359度，並將角度和參數插入到等式中。

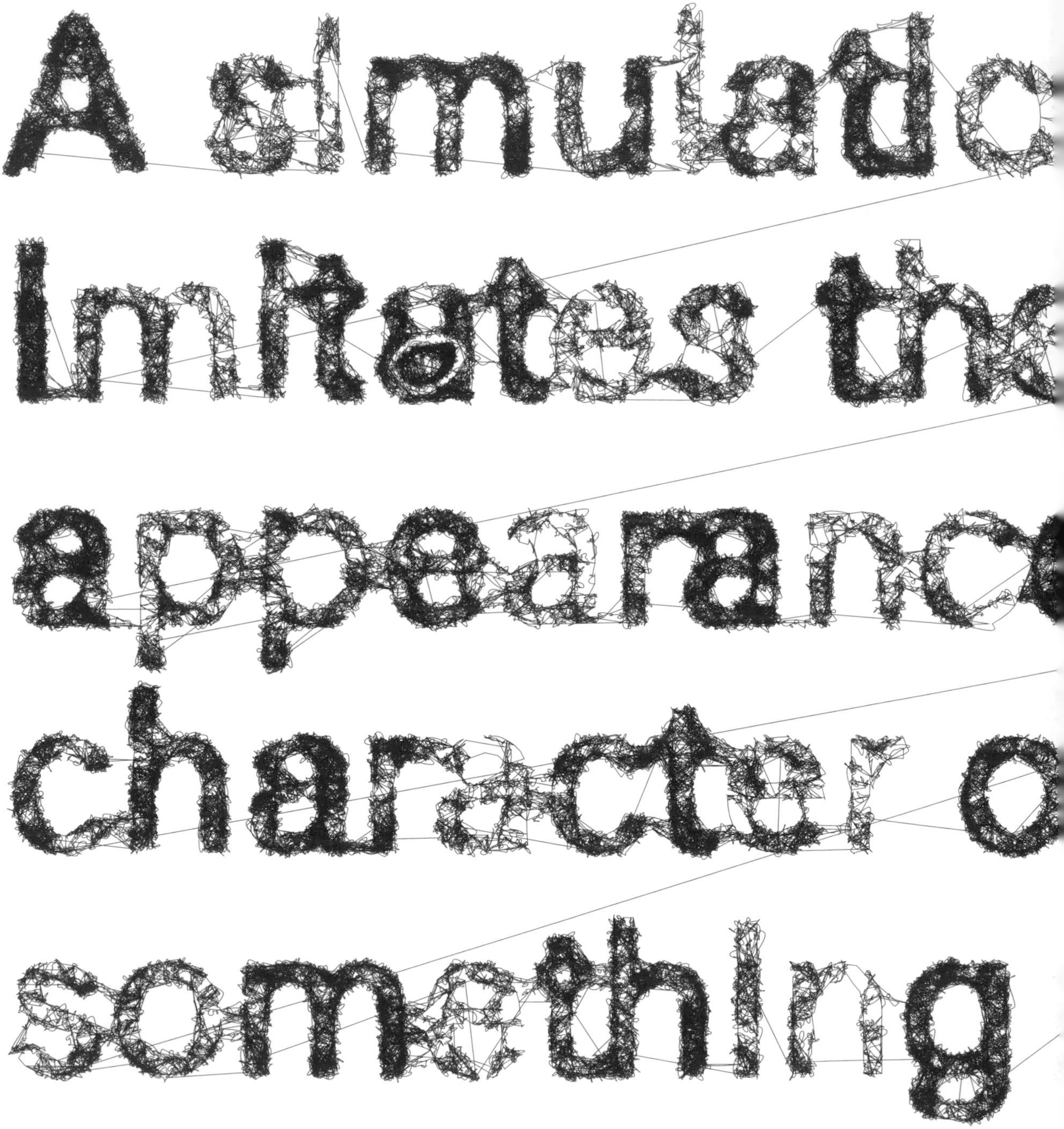

A simulato
Imitates th
appearance
character o
something

模擬

模擬

從觀賞好萊塢電影的經驗中，我們都知道軟體模擬現實世界的能力愈來愈強。虛擬人物穿著的服裝，像真實的服裝一樣擺動，卡通動物的毛髮蓬鬆而有彈性，經過運算的虛擬場景中，光線的質感氤氳且自然。這些技術的成果，呈現出一個有趣的審美問題：精確地模仿自然世界，是否就是軟體模擬的終極目標？在某些情況下，確實如此。例如，系統化的天氣和交通模擬，必須在擬真的情況下才有用處。在其他領域，例如設計、建築，和藝術等，高度真實則不如最後的體驗重要。扭曲規則可以創造出意想不到的和出奇制勝的事物。模擬手法可以是一種精確化的工具，但也是更上一層樓的基礎。

這些字母模擬了一種獨特的手繪方法。它們的創作方式，是將曲線從定點畫到與它最近的某一個相鄰的點，而不是直接連到下一個正確的點。這顯示出電腦在行使秩序和系統化的過程中，能故意產生相反結果的能力。

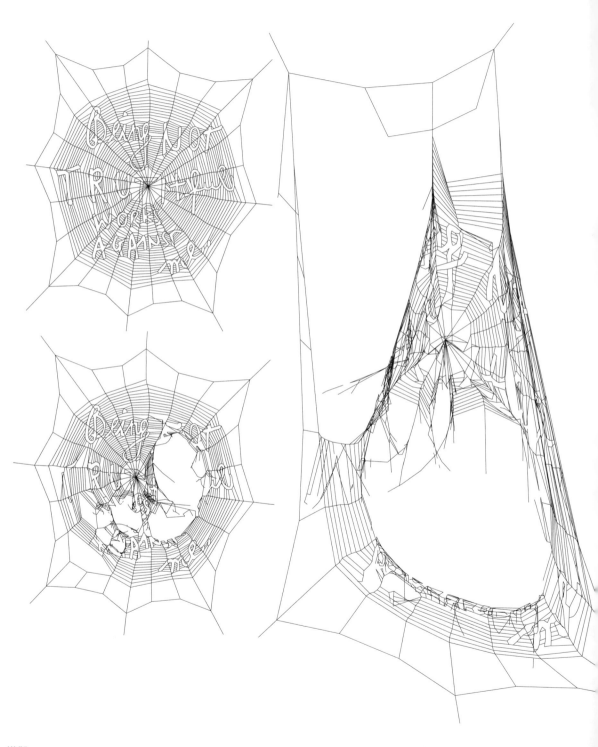

模擬

每種模擬都具備有下列三個部分：變數、系統、和狀態。「變數」代表模擬的構成要素的數值。「系統」說明變數之間如何互動。系統的「狀態」則代表變數在任何時候的數值。模擬一個陀螺旋轉的表面，可以把這三個部分解釋得更加清楚。第一步是瞭解當模擬任何事物時，其變數是無限的。除了每個物件或系統最重要的面向之外，還有無數的細枝末節可能會產生深遠的影響。例如，沒有兩個陀螺轉起來會完全相同。我們要怎麼去衡量一個稍微改變旋轉方式的小凹痕會有多少影響？當陀螺表面是全新的，而不是舊的、磨損的，這時候我們要怎麼測量它旋轉方式的不同？為了進行軟體模擬，就有必要從無限的選項中，選擇有限的變數。如模擬陀螺旋轉的簡單例子，也許操控每分鐘的轉數（Revolutions per minute; RPM）、角度、直徑、和高度就足夠了。（為了簡單起見，讓我們忽略必須先有人給陀螺啟動的動能這個事實。）執行所有的軟體模擬，都是一序列的時間步驟。模擬從第一步開始不斷重新計算下一步的數值，依此一直進行下去。在陀螺旋轉表面的模擬中，其狀態由特定步驟中的四個變數的數值來組成。每分鐘的轉數和角度不斷變化，直到陀螺停止，但它的直徑和高度則是恆定的。

由於陀螺底部的摩擦力造成陀螺減速，使角度傾斜，並愈來愈接近地面。最後，陀螺以一定的速度－角度對比而倒下。

而當我們加進另一個系統時，這個模擬會變得更加有趣和複雜——這個系統是模擬陀螺所存在的世界。當陀螺在旋轉時撞到牆，會發生什麼情況？它會倒下嗎？當它從光滑的表面移動到粗糙的表面時，會改變什麼？速度嗎？你可以開始想像軟體模擬能變得多麼複雜。

雖然模擬常常會用到參數化手法，但這兩種技術有一些重要的區別。參數化是以精確、由上而下的控制形式；模擬則是自下而上的機制，使得它很難預測特定系統的行為模式。從對系統的描述可能看不太出來，但每一次的迭代都會有不同的結果。模擬是創造形式的可能性。無論是為了複製自然世界，還是為了創造出新穎和意想不到的形式，這種非常開放的特質，使模擬成為一種強大的技巧。

Being Not Truthful, Ralph Ammer和Stefan Sagmeister, 2006年
一張虛擬的蜘蛛網上編織著「不誠實總是對我不利」這句警語並被投影至牆上。當觀賞者穿過這個作品時，蜘蛛網會被其影子所扯破，而扯破的蜘蛛網，短時間內則會再一次地被編織回原狀。脆弱的網子「如同隱喻著藝術家的警語所展現的弱點，以及嘗試著要守住這格言所需的氣力」。

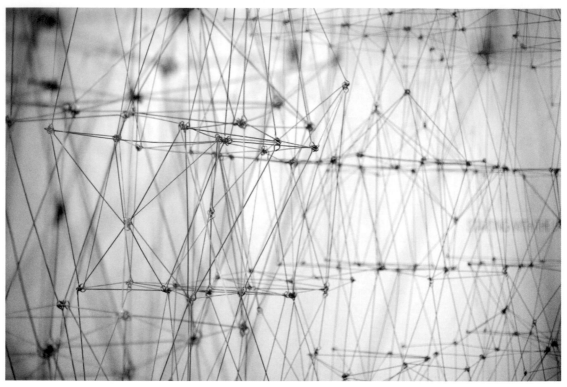

Transformation of a Necklace Dome, MOS Architects, 2008年
為了在Whitney Museum of American Art 所舉辦的Buckminster Fuller: Starting with the Universe回顧展所進行的創作，這件作品意味著它與Fuller的 Necklace Dome展開的一場對話。這件作品在模擬的物理環境中形成，用來創造一種「局部連結具有靈活性，但在重複的結構下轉化為很強韌」的結構。它用超過5,000個鋁條組成，從天花板垂掛下來，愈接近地面的鋁條，長度愈短，形成了「底部更加堅固，頂部更靈活」的結構。

模擬

建立物理系統

註1.David Owen, "The Anti-Gravity Men," The New Yorker, June 25, 2007.

為了更深入地了解我們周圍的世界，通常需要嚴謹的實驗和測試。在科學領域中，從理論到實驗的週期可能需要花上數年或數十年。通常，我們要測試的系統都過於龐大、複雜、遙不可及，或者跨越太長的時間，導致於無法有效地測試並假設。電腦和代碼則提供了一種探索這種龐大的系統和其他系統類型的新方法，並測試我們當前已知的知識。例如，第一台電腦製作的模擬電影，成功地呈現了繞地球運行的衛星。它表明了衛星可以穩定地、總以同一面面對地球。這部名為《A Two-Gyro Gravity-Gradient Altitude Control System》的電影是由Edward Zajac於1961年在貝爾實驗室製作的。

舉一些離我們更近一些的例子，模擬技術在物理領域中，著重於重力和其對象之間的相互作用，這已經成為日常生活裡常見的一部分。許多成功的電腦遊戲，描繪了遊戲裡所建構的世界的現實感。有了這樣準確的模擬世界，使可以創造出身歷其境的遊戲。但是反過來，遊戲開發者也可以放寬一些角色在這個世界裡的限制。讓遊戲玩家自由地搜尋其他路線，而不是限制玩家如何從A點到達B點，並以新的方式操控遊戲世界中的角色及實現目標。

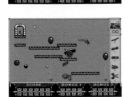

物理模擬的技術與能力，對於建築和工程產生了重大影響。這些工具，讓工程師模擬受力和負載如何在虛擬結構中移動。通常，會根據匯出的結果對模型進行修改，然後再次進行模擬，直到發現結構和材料的

最佳組合。位於北京的中央電視塔（CCTV Tower），由Rem Koolhaas的OMA辦公室所設計，並由工程公司Arup建造。經過多年的詳細模擬，確保了建築物能夠在保持其獨特形狀的同時，還能夠在遇到地震時屹立不搖。Arup的模擬測試了在大型地震中，大樓的每個部分會如何反應，以便對材料或設計進行調整。此建築的結構分成兩個部分，Arup能夠計算出在一年中（深秋）和一天中（早上五點鐘），最適合連接這兩半建築的時段。[1]

模擬技術也可以變身為測試新想法的實驗室。例如，2002年日本製造的超級電腦稱做Earth Simulator，被設計來模仿天氣系統。研究人員可以在Earth Simulator輸入當時的氣候數據，然後快轉時間，來看看未來數百年的累積效應。這些複雜的模擬工作，運用虛擬的「擬真測試環境」來測試不同的動作對系統的影響，以擴展我們對氣候的理解。建立這樣的一個模擬系統，需要精確地描述事情如何運作和相互關聯。如果假設裡存在著錯誤，模擬就會看起來異於尋常或出錯，並需要更多的測試和實驗。

Will Wright的「SimCity」是史上最受歡迎的遊戲之一。遊戲的目標是創造和管理一個成功的城市。要做到這一點，玩家可以控制區域規劃和稅收、建設、道路，以及鐵路，並應對自然災害。建設一個大城市需要時間，玩家經常會為同一個城市工作多年。SimCity讓玩家經歷一個驚人複雜的系統，非常成功地提供了一些真實世界裡，面臨危機

A Two-Gyro Gravity-Gradient Altitude Control System, Edward Zajac, 1961年
Zajac在貝爾實驗室創作了這部以電腦製作的電影，用來研究穩定通信衛星的方案，讓衛星的同一面始終面向著地球。

The Incredible Machine, Sierra, 1992年
The Incredible Machine是根據Rube Goldberg機械裝置所設計的電玩遊戲。玩家必須排列一組如同籠子、大砲，或輸送帶等奇怪的物件，進而創造出能達到某種如同像是點亮蠟燭之類目標的機器。這個遊戲用基於簡單物理原理的引擎，來模擬機器各部分的相互作用，也同時參考了氣壓和重力等等環境的影響。

Persönliches Wagnis（上圖）, Unabweisbare Gefahr Nr. 6（下圖）, Gerhard Mantz, 2009年
Mantz一開始將數位3D模型做為他雕塑的原型，但他更進一步地把軟體製作的風景用來當做心理狀態的隱喻，並以此做為他的創作。創作時模擬產生的光、大氣，和水，被用來當做表達情緒的元素。

模擬

時刻的城市會有的情節。想玩如同SimCity這樣複雜的遊戲，玩家們需要對這個世界裡的一切假設都相當熟悉。要大獲成功，他或她必須拋開所有對於公共政策先入為主的想法，並學習遊戲會獎勵什麼行為。有人認為SimCity隱藏著對於鐵路交通和環境保護主義等政策的偏見。在這款遊戲對於真實世界的精確模擬背景下，不論是否為刻意，這種偏頗都會對玩家的信念以及習慣，造成深遠的影響。

在方程式和程序中，已經描述了許多迷人的自然現象背後複雜的形成過程，使它們成為探索代碼時的理想選擇。分形（Fractals）是使用電腦深入探索自然現象的完美例子。1978年，在波音公司工作的電腦圖形研究員Loren Carpenter，首先開始使用分形幾何，從簡單而優雅的過程中，創造出複雜而逼真的人造風景。一開始，先從大三角形中創造出一個粗略的景觀，然後將每個三角形分解成較小的三角形，再把每個較小的三角形再次分解。如此重複循環這個過程，直到出現寫實的地形。Carpenter進一步使用這些技術，為1982年的電影《Star Trek II: The Wrath of Khan》創造了一個完全由電腦生成的外星人行星。

若以數學領域裡的專有名詞來形容，則reaction-diffusion system是最引人入勝的生物現象之一。1952年，電腦科學先驅之一的Alan Turing，將其注意力轉移到「型態發生」的問題上：受精卵如何演變成完全成型的動物。Turing用了更接近物理學，而非生物學的新穎途徑來回答這個問題。他將問題描述為一種針對對稱性的破壞，最後還為了某些比較單純的問題開發了新的算式。然而，他的方法只限於使用鉛筆和紙張可被計算的數學公式。他推測，也許有一天，會有電腦能用更複雜的數學算式解決這個問題。二十年後，科學家Hans Meinhardt和Alfred Gierer實現了這個預言，並利用電腦繼續延伸Turing的工作。從蝴蝶翅膀到斑馬斑點，reaction-diffusion system在創造各種圖案的能力上是不可思議的。其中的一種化合物，刺激了另外一種化合物的反應，卻又反過來抑制了第一種，這樣一個相對來說簡單的系統，增加了它自身的魅力。

SimCity 2000, Maxis, 1993年
玩家設計、建設，並管理城市的每一處細節，進而規劃都市發展。「SimCity」在1989年發布，一直到2000年推出模擬郊區日常生活的「The Sims」以前，都是模擬遊戲長期的領頭羊。Will Wright後來在2008年發布了「Spore」這款遊戲，在遊戲中，從微生物到太空旅行者，玩家控制著物種的發展。

Print magazine cover, Karsten Schmidt of PostSpectacular, 2008年
Schmidt使用一種反應擴散系統，為2008年8月號的《Print》雜誌製作封面。他先用程式碼製作出一個3D字形，再用3D列印把它實際製作出來。

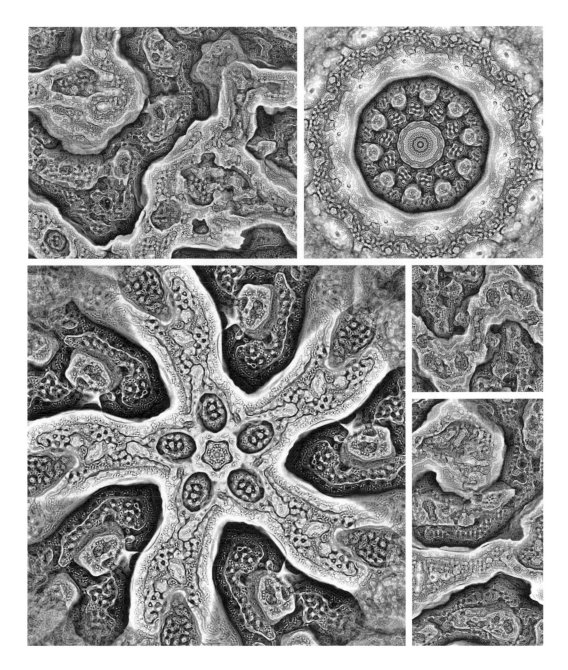

MSRSTP（多尺度放射狀對稱圖靈圖樣），Jonathan McCabe，2009年
McCabe採用了幾個反應擴散系統，創造出讓人聯想到生物結構的圖像。

人工智慧

人工智慧（AI）的歷史相當多災多難，1950年代中期，在創造人工智慧機器的可能性上，湧現了大量的研究和推測。電腦的發展，以驚人的速度推動AI研究，是最重要的催化劑。最初，各種問題快速地被解決，AI的開創者Marvin Minsky在記載的訪談中如此說道：「在一個世代的時間內，大部分創造『人工智慧』會遇到的問題，都將會被解決。」²然而到了1970年代時，人工智慧的進步開始減緩下來，對於大型且資金昂貴的項目也相繼被裁減。但進步仍在持續，AI軟體在銀行和醫藥等領域仍相當普遍。

AI的目標是多樣化的。一些研究者想像AI能充分感受事物，或完成任何我們稱之為智慧的事情，而其他研究者則認為AI能完成具體的活動，如玩遊戲、事項規劃、察覺模式變化，以及社交互動等等。機器人研究者

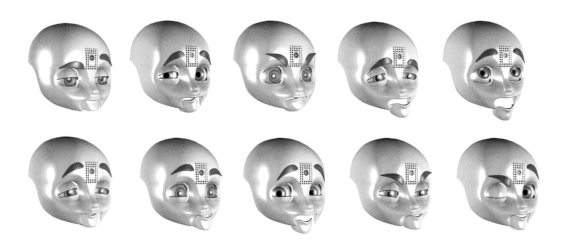

Nexi, MIT媒體實驗室個人機器人小組, UMASS Amherst, 和Xitome設計公司, 2007年
這個MDS（移動／敏捷／社交）機器人配備了一張臉，能夠表達廣泛的情緒，展現它的內在狀態。

Micro. Adam and Micro. Eva，Julius Popp, 2002年
這對壁掛型機器人會試著以移動它們內部的傳動裝置，並改變自己的軸心來學習如何旋轉。Popp的目標是「找到一個能夠感受和學習機器人身體行為的自適應演算法。這兩個機器人『生來』具有相同的『空白』程式，而後再根據每個機器人自己的特定身體特徵來對自己形塑」。

模擬

註2.Hubert L. Dreyfus and
Stuart E. Dreyfus with Tom
Athanasiou, Mind Over
Machine: The Power of Human
Intuition and Expertise in the
Era of the Computer (New York:
Free Press, 1986), 78.

註3.Rodney Brooks, "Cog
Project Overview," 2000, http://
www.ai.mit.edu/projects/
humanoid-robotics-group/cog/
overview.html.

Rodney Brooks在1980年代，藉由專注研究行為基礎的系統，而有了新的突破，他稱之為Cambrian智能。Brooks的機器人由多層次的行為驅動過程所構成，較高層級的行為會對下層行為的輸入進行一些控制，反之亦然。Brooks稱這種方式為「包容性結構」，它在整體上對機器人和AI都有很大的影響。例如，某一層行為可能用來避免遇到障礙，再上一層的行為可能是指導機器人達成目標，而在最上層的行為，則可能是對面向感到好奇。當最高層級辨識出一個面向時，它會告訴下層欲前進的方向，也就是負責實際上的移動，而最下一層則積極尋找機器人行進路線中的障礙物。

所有關於AI的討論，都會遇到具體的問題。有些是哲學性的顧慮，像是靈肉分離的具體存在，或是實際一些的，像是電腦或機器人怎麼感知周圍的世界。當Brooks開發出機器人「Cog」時，他在外觀上把它設計得有點像人──用攝影機充當眼睛，並擁有一張人臉。面對著上述的那些具體問題，他認為：「如果我們要創造一個具有人類智慧的機器人，那麼它就得有一個類似人類的身體，這樣才能夠開發出類似的替代品。」[3]隨著「Nexi」──移動／敏捷／社交（MDS）機器人的發展，麻省理工學院媒體實驗室的研究人員Cynthia Breazeal 和「個人機器人小組」現階段的工作已經把這個研究推向了新的領域。MDS機器人主要的目的在於了解和參與人類的社交與互動。Nexi有一個小小的身體，讓它能自由地移動和撿起物品，但或許它最有趣的功能是富有表達力的頭和臉，

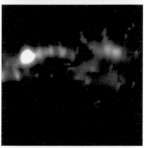

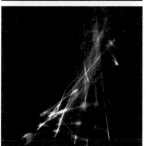

Loops, The OpenEnded Group, 2008年
《Loops》是一個與現實同步的動畫，經由動態捕捉編舞家Merce Cunningham表演的數據資料而組成。這個軟體使用一個複雜的動作選擇機制來詮釋運動數據，創作出令人驚嘆的視覺創作。每一個畫面上的點，都會選擇自己如何與位於其周圍的其他點進行互動、如何移動，以及如何繪出自己。創作者解釋說：「我們的基本想法是建立能『自主』循環的點──以致於這些點在一定的條件下來說，是活的『生物』。」

它具有多種情緒，包括悲傷、憤怒、疑惑、興奮，甚至無聊。

電子遊戲是AI中另一個重要的探索領域。即使是像井字遊戲這樣簡單的小遊戲，也可以是被用來測試並創造出智能行為的新穎方法。西洋棋大師Garry Kasparov在1997年對決IBM超級電腦Deep Blue的敗北，受到媒體的廣泛關注，但是，對於遊戲取向的AI，西洋棋並不是其唯一目的，遑論是其核心興趣。為遊戲機和電腦設計的電子遊戲，是AI開發中最顯著和活躍的領域之一。雖然這個目標往往比學術研究領域還要更受到限制，但是遊戲提供了一個可測試許多關鍵問題的環境，如進行規劃、針對現實世界中的事件所產生的反應，以及在一個環境中的互動和移動所產生的問題。例如，AI遊戲角色被預設為看起來和動作都如同一位真正的玩家；他們必須執行複雜的攻擊行為，同時保護自己免受反擊，並以可信的方式反應玩家的操控，從而推動敘述向前發展。

2005年Monolith Productions的遊戲「F.E.A.R.」，當中對遊戲角色用複雜的AI來控制這點，相當引人注目。對手們可以自發地組成一個團隊，為彼此提供掩護，圍繞著玩家移動並進行攻擊。另外，在2005年由Procedural Arts製作的遊戲「Façade」中，我們可以發現遊戲AI的不同用法。在這個遊戲中，玩家做為受邀參加與一對夫婦共進晚餐的客人。隨著時間的推移，夫妻間的關係愈來愈緊張，迫使玩家做出會直接影響角色行為以及其生命的選擇。不像經典兒童叢書

將手繪設計的種子字母「g」提供給電腦程式

「Letter Spirit」運用種子字母所設計出「b,c,e,f,g」

Douglas Hofstadter 的手繪文字與種子字母「g」相同風格

AARON, Harold Cohen, 1973年至今
「AARON」這個軟體，依照它編碼的規則，進而創造出原創的繪畫。在過去三十年中，這個軟體已從只能畫出基本幾何圖形，進階到能畫出人物形象，也從黑白繪圖進階到彩色。

Letter Spirit, Gary McGraw和John Rehling以及Douglas R. Hofstadter, 1996年
「Letter Spirit」使用了一個二乘七的格子來創造字母。給出幾個種子字母，程式就會嘗試著運用與種子字母相同的樣式，生成完整的字母表。

模擬

註4.Douglas R. Hofstadter, Fluid Concepts & Creative Analogies: Computer Models of the Fundamental Mechanisms of Thought (New York: Basic Books, 1996), 407.

「Choose Your Own Adventure」一般簡單的分支結構，遊戲中的角色，根據玩家的行為，改變了自身的行為，進而影響了每一個瞬間及故事的發展。

自從發展人工智慧以來，研究人員一直在尋找使電腦充滿具有創作力火花的方式。與那些專注於找出推理和論證的系統相反，這些計畫旨在探索創作的策略。例如，Douglas Lenat在1977年寫的「Automated Mathematician」等等程式，試著從基本原理中產生數學定理。而1983年，William Chamberlain和Thomas Etter的「Racter」程式則以創作出《The Policeman's Beard Is Half Constructed》一書而聞名。

但也許最著名的創作軟體是Harold Cohen的「AARON」。 Cohen編寫的「AARON」創作了許多畫作，在知名的美術館，包括：英國倫敦的泰德美術館（Tate），和舊金山的現代藝術博物館（San Francisco Museum of Modern Art）都有展出。他從1973年以來，一直持續不斷精進「AARON」這個程式，不斷增加並擴大其功能。這個軟體已從只有黑白線框的繪製能力，演變成能繪製出由顏色豐富的植物所圍繞的人物和舞蹈的大場面。「AARON」是全自動的，可以創作出沒有人類介入的圖像。Cohen最近增加了「AARON」的反射能力，以便程式在創造圖像時，也能同時監控圖像，並依據所發現的用色規則，更改它所用的顏色。在「AARON」的圖像中所見到愈趨於一致的風格，暗示了用來構圖、選擇顏色，和評估它的畫作的規則，是一組愈來愈精準地重現Cohen自己對於構圖的概念的編碼。

在電腦和認知科學家Douglas R. Hofstadter的作品中，我們可以發現他對人造的創作力這個問題採取了不同的方式。在1970年代後期，Hofstadter開始在電腦裡建立擁有創造力機制的模型。他的Fluid Analogies Research Group創造並運用軟體來解決看似簡單的問題，例如，找出一個數字序列的規則，並解開重組字謎。與傳統的計算或AI技術相反，Hofstadter的團隊試圖模仿自己解決這些難題的心理過程；這個軟體的目的是重複精神上的反思，提出想法並嘗試，直到找出解決方案。另一個程式「Copycat」，則嘗試在字母序列之間找到新的類比，並使用這些類比來生成新的序列。這個作品最後導出了Letter Spirit這個計畫。Hofstadter解釋說：

> Letter Spirit 試圖在電腦上模擬人類創造力的核心部分。這個計畫是基於「創造力是因為心智存在著充分的靈活度，和感受詣境的概念，而得以自動化地產出結果」這樣一種信念。……Letter Spirit 著重在字體設計的藝術性與創造性。它的目標為模擬羅馬字母表的26個小寫字母——雖然擁有各自不同的外表，但內部卻存在著一致的樣式。從 個或多個種子字母開始，這個程式嘗試以相同的方式接著建立其餘的字母，直到所有26個字母都擁有相同的風格或是精神。**4**

159

人工生命和遺傳演算法

人工生命（a-life）與人工智慧有著不同的目標。AI專注在高層次的認知功能，而a-life則是模仿生物現象來模擬反射動作、行為和進化過程。a-life的目標是模仿既存生命，並探索新的生命類別。Steven Levy在他的《Artificial Life: The Quest for a New Creation》一書中描述了這個前後關係：

> 人工生命……致力於創造和研究由人類製造的仿生生物和系統。這個生命的原料是無機物，而它的本質是訊息——電腦是這些新生物誕生的火爐。就像醫藥學家在試管內修復生命，a-life的生物學家和電腦學家希望以電腦來創造生命。[5]

自1980年代初開始，a-life的研究人員已經開發了許多基於不同種類的植物和動物的模擬，模擬的範圍從細胞到樹、到昆蟲、到哺乳動物都有。而在視覺藝術中，這些模擬手法是促進新形式誕生的基礎。除了藉由繪畫或雕刻等手法直接進行創造，我們也可以使用a-life的技術，進而生成或演變出新的創作形式。

與a-life研究相關，遺傳演算法（Genetic algorithm；GA）是一種藉由創造和改變人工基因組，來模擬進化過程的軟體運算方式。就像在真實的遺傳學中，人工基因組也是經由交叉育種和突變來改變。交叉育種（或有性生殖）使用來自父母的基因組合造出一個獨特的孩子。父母的部分基因組被用來創造一個混合兩者基因的新生命。突變則會影響單個生物中的基因，而這種變化會被傳遞給下一代。在自然中，突變可能是由於基因複製錯誤或輻射而導致的。但在a-life中，可以藉著改變模擬基因組中一個或多個符號來模擬突變。在軟體環境中進化的主要優點，是能夠在數秒內經歷數千個世代（或更多），而不需耗時數千年。

遺傳演算法對於形體在視覺上的進化所擁有的潛力，在1996年時，由演化生物學家

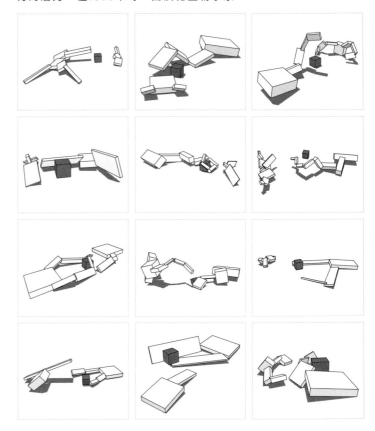

Evolved Virtual Creatures, Karl Sims, 1994年
進化後的虛擬生物在一個模擬世界中，爭奪一個立方體的所有權。每輪比賽的優勝者會獲得較高的分數，讓自身有更好的生存和繁殖能力。

註5.Steven Levy, Artificial Life: The Quest for a New Creation (New York: Pantheon Books, 1992), 5.

註6.Richard Dawkins, The Blind Watchmaker: Why the Evidence of Evolution Reveals a Universe without Design (New York: Norton, 1996), 59.

註7.Kevin Kelly, Out of Control: The New Biology of Machines, Social Systems & the Economic World (Reading, MA: Addison-Wesley, 1994), 266.

Richard Dawkins為他所出版的書《The Blind Watchmaker: Why the Evidence of Evolution Reveals a Universe without Design》所寫的軟體中率先提出。他創造了這個軟體，來論證他相信地球上的生命多樣性，是進化過程與逐漸積累的小變化所產生的結果。他的軟體實驗產生的結果，遠遠超出了他的預期。他寫道：「不管是我身為生物學家的直覺，或我二十年的電腦程式編寫經驗，或是我做過最不可思議的夢境，都沒讓我準備好面對螢幕上實際誕生的東西。」[6]只使用突變手法和九個基因（或稱參數）組成的簡單基因組，Dawkins的軟體一點一點地生成看起來明顯像是複雜生物的形狀（樹木、昆蟲、兩棲動物、哺乳動物），而這一切只從一個單像素的起點開始。用身兼作家和《WIRED》雜誌聯合創辦人的Kevin Kelly的話來說，他在視覺上證明了：「隨機式的選擇和無目的的徘徊，永遠不會產生有條理的設計，但累積式的選擇（這種方法）可以。」[7]Dawkins把軟體設計空間稱為Biomorph Land。他承認，這個土地上

的每一種生物型態，都是經過數學化，以變數的形式存在於有限制的範圍內，但是他堅持在軟體中，演變形式的經驗是一種創造性的行為，因為空間如此之大，搜尋必須是清楚、並有指向性的，而不是隨機的。雖然生物型態在視覺上是簡單的，但這項研究還是為其他研究人員打開了一扇大門，其中包括William Latham和Karl Sims，幫助他們創造並完成更完整的視覺計畫。

Karl Sims在1994年的作品「Evolved Virtual Creatures」，是a-life的一個突破。這個研究是如此地具有說服力，使它在十五年後，依然是令人信服的。經由軟體，Sims能夠模擬生物的演化，並執行不同的任務，像是游泳、步行、跳躍和跟隨等等。最後他讓兩個

交叉育種　　　　　突變

00110011　　00110011

11001100

00110111

00111100

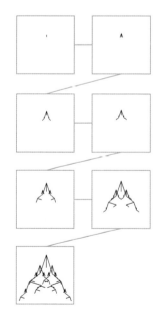

Crossover and mutation
「互換」指的是使用來自每個父母的部分基因組，「突變」則是對基因組中一個或多個元素的隨機變化。當它們一起作用時，可以模擬生物的進化過程。

Morphogenesis Series#4, Jon McCormack, 2002年
McCormack利用生物演化過程,以澳大利亞原生種植物為範本,研究了仿植物的結構生長和發育。與物競天擇不同的是,McCormack影響了自然演化過程中的選擇,以便展現其個人對演化的詮釋。

模擬

註8."NASA Evolvable Systems Group, Automated Antenna Design," http://ti.arc.nasa.gov/projects/esg/research/antenna.htm.

生物增加了相互競爭的能力，看誰能奪得方形領地的所有權。這些都是透過模擬重力、摩擦力，和碰撞等基本物理特性，以及創造可以驚人速度演化並交叉育種和突變的生物所達成。他所創造的生物基因模組，是一種指向性模型（directed graph），而其表現型則是一組結構上有主從關係的3D零件。

每一代中，生物會根據他們的適應能力，以及當前任務的執行表現，來決定其能否生存和進行繁殖，例如，他們的游泳能力、移動能力、跳躍高度，或尾隨的能力等。為了傳達研究的結果，Sims製作了一系列引人入勝的動畫短片，來描寫這些生物的活動。這個

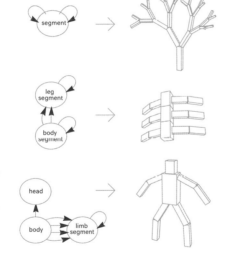

研究最令人著迷的是，這些生物為了達到他們的目的而發展出多樣性的策略。儘管他們只是些擁有侷限關節的原始幾何形狀，他們

還是有生命本質、能自我激勵的生物。遺傳演算法是種相當適合運用在解決現實世界中的設計難題並進行優化的新興技術。NASA在2004年開發的X波段天線，是一個很好的例子。人工設計天線，耗費多時且需要密集勞力，因此價格昂貴。相較之下，軟體可以在更短的時間內設計更好的天線。NASA描述了這個過程：

> 我們的方法是將天線結構編碼成基因組，並使用遺傳演算法來演化出性能表現最符合我們需求的天線。評估天線的方式，是先將其基因型轉換成天線結構，然後使用數字電磁碼（NEC）天線模擬軟體來模擬天線。[8]

NASA聲稱用此方式產生的設計，有超越專業工程師設計水平的潛能。此外，與人工設計的天線相比，用這種方式所生產的天線，通常擁有徹底不同的形式。一般來說，遺傳演算法有潛力尋找出傳統設計會遺漏掉的獨特形式。

遺傳演算法和進化思考，在當代建築理論與實踐中也發揮了重要作用。John Frazer在1995年的《The Evolutionary Architecture》一書中，將遺傳演算法做為一種技術，用於創造新穎的形狀，讓形狀和功能相互接軌。理論學家Karl Chu也曾探討電腦和基因碼的交集，做為探索未來可能性的途徑。

X – Band Antenna, NASA, 2004年
遺傳演算法開發了這種令人意想不到的天線設計。以天線的表現為基準，來確定其合格的功用，並使用軟體模擬器測試每一代天線。

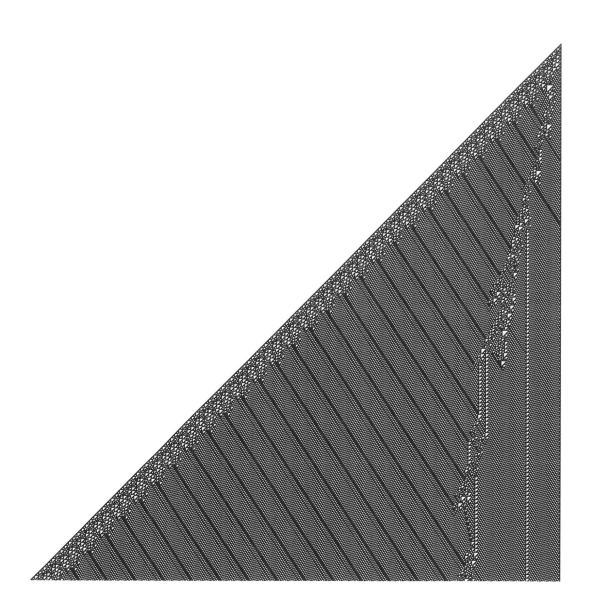

1D Cellular Automata, Rule 110, Stephen Wolfram, 1983年
這組規則產生了被科學家Wolfram分類為「第四種行為」的模式。這表示這個模式既不完全是隨機的，也不是重複的。

如圖所示，我們所看到的模式的規則是：

111	110	101	100	011	010	001	000	現有表現狀態
↓	↓	↓	↓	↓	↓	↓	↓	
0	1	1	0	1	1	1	0	中心細胞的新狀態

模擬

模擬的技巧
細胞自動機

細胞自動機（Cellular automata; CA）是一個個細胞方格，每個細胞的行為，由一組規則來定義。細胞自動機能只根據一小組簡單的規則，即以卓越的能力顯示出意想不到的複雜行為。最簡單的細胞自動機，是在1980年代初，由Stephen Wolfram所發明的單維度細胞自動機。每個細胞分為白色或是黑色（白色也被稱做「活的」，黑色則是「死的」）。細胞會隨著時間，依照某些規則轉變成白色或黑色。例如，如果白色細胞附屬了一個黑色的細胞，則它將轉變為黑色。每一代的細胞都是承接著上一代的經歷，所以我們可以在單一個圖像中，看到生命及死亡的完整歷史。值得注意的是，Wolfram發現的一些模式，與自然界中的模式非常相似。細胞自動機在極嚴格的限制規則之中，仍然具有模擬生命系統中許多屬性等令人驚訝的能力。最著名的細胞自動機是John Conway的Game of Life，這個2D的細胞自動機啟發了無數的視覺藝術創作。

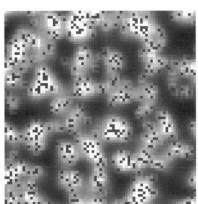
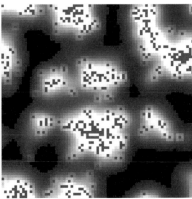
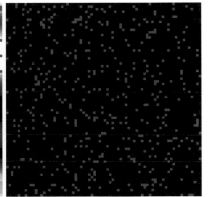

ZZ-IM4 Museum Model, Mike Silver, 2004年
這個作品使用AutomasonMP3設計，並入選了由聖荷西州立大學藝術與設計博物館所贊助的比賽。AutomasonMP3是一種客製化軟體應用程式，可以產生與簡單混凝土結構相連結的磚塊模式。AutomasonMP3還包含一個語音合成器，可以讓製作者在現場傳達和接收這些堆疊有聲磚塊的指令。

StarLogo Slime Mold Aggregation Simulation
這種模擬，模仿了黏菌生物的行為，因為它們會跟著費洛蒙形成組織。每個模擬生物被標示為紅點，而它們的費洛蒙則顯示為綠色。

Aggregation 4, Andy Lomas, 2005年
這個形式，開始於一個載體，然後再在載體上逐漸積累粒子而建立出來。在這個模擬中，數以百萬計的粒子自由流動，直到它們碰到原初的載體表面或之前先沉積下來的其他顆粒。

模擬的技巧
群集

這個令人驚奇的現象，我們都相當熟悉——劃破水平面的魚群，在極短時間內結合成為一個群集。軟體能模擬蜂群、蜂擁而至的狀態和群體行為，並運用了「代理」這個概念來代表每隻蜜蜂、魚，或人。每個「代理」遵守一組規則，定義它在環境中的行為。例如，在Craig Reynolds所寫的「Boids」軟體中，每個「代理」遵守著三個明確的規則：閃避、不碰撞自身群體中的其他代理，和根據群體的平均移動方向移動，以自身群體的平均位置前進。在這一頁的圖像中看到的複雜的群集模式，都是根據這些基本規則而呈現。

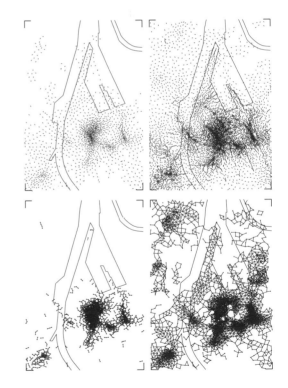

Fox Horror, Robert Hodgin和Nando Costa, 2007年
藝術家Hodgin運用Craig Reynolds所創的「Boids」規則做為基礎，為另一位藝術家Costa編寫了一個參數化的程式。Costa則運用這個工具來編輯動畫，並使用現成影像素材進行創作。

Swarm Urbanism, Kokkugia, 2008年
為了重新思考城市規劃，Kokkugia公司運用群集的思考來製作墨爾本港區計畫的發展。以這種方式使用群眾思維，他們希望創造一個更具適應性、更符合居民需求、更有機動性的計畫。

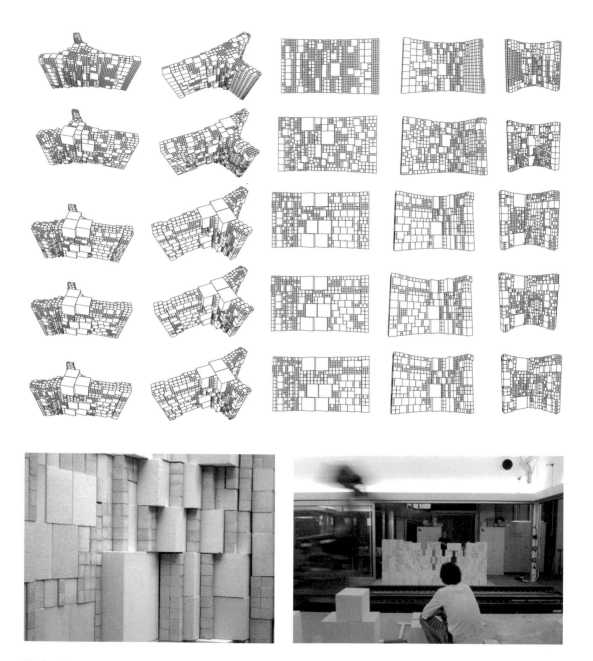

The Resolution Wall, Gramazio＆Kohler與蘇黎世聯邦理工學院建築與數位製造系合作, 2007年
這面由機器人建造的牆，是運用加氣混凝土磚塊組成的。尺寸為5至40厘米（1.9至15.7英寸）。較小的磚塊能允許更為精緻的細節；而體積較大的磚塊，在施工上則擁有速度的優勢，也因此更具成本效益。在與學生一起操作的教學課程中，老師與學生們開發了一種遺傳演算法來進化設計，讓設計在美學細節、施工時間，和結構穩定性之間，保持良好的平衡。

模擬

模擬的技巧
非自然選擇

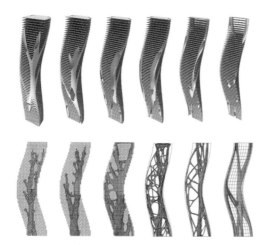

就像畫家得挑選哪件作品來展覽，或是小說家得選擇要刪除哪個句子，系統的形式生成，常需要衡量怎麼做會比較成功。這個決定可以是隱性的（留給設計師的怪點子決定）或顯性的（直接由系統執行）。對表現手法、結構，或逼真度有明確要求的案例，可以直接將這些要求編碼到系統中。用這種方式，模擬系統可以自主運行，先形成形式、再做測試等等，直到達成最好的選擇。然而，不能奢望這個等級的自主性總是能夠被實現。設計師通常會像William Latham一樣，稱自己為「園丁」——選擇喜愛的樣本並剔除雜草，來促進系統往所期望的方向發展。

evolutionary computation, moh architects, 2006年
這座塔的設計，是從一個演化和遺傳計算的過程中產生的，從而形成一個類波結構的形式。這種技術創造了形式和結構的統一性，因此去除了後期為了符合結構的需求所須做的優化步驟。

Strandbeest, Theo Jansen, 1990年至今
Jansen的創作持續了十多年，製作出一批在荷蘭海灘上自主生活的人造動物。這些生物的骨骼全用塑料管組成，並由風力驅動，而且可以在暴風中將自己固定在地面上。為了這種生物，還特別編寫了一種遺傳演算法優化其骨骼的長度。

代碼範例
粒子

粒子系統是模擬自然不可少的技術。這種系統可以複製水、火、煙、爆炸、雲、霧、頭髮、毛皮、星星等元素的形狀和運作方式。在基本的粒子系統中，每個元素都有自己的位置和速度。在更先進的模擬系統裡模擬水或星星的運動模式，每個粒子都受到虛擬的力量，如重力和摩擦力的影響。每個粒子在螢幕上都可以被呈現為單個像素、小的圖像，或者是3D物件。

這個基本的粒子系統，依靠複製多個單一粒子而構成。每個粒子都存儲著與其本身相關的一些資訊：它在空間裡的位置、速率，和瞬間加速度等等。在模擬的每個步驟中，每個粒子都用它目前的位置、速度，和加速度來計算它的下一個位置。最後，粒子被呈現在螢幕上，並重複這個過程。

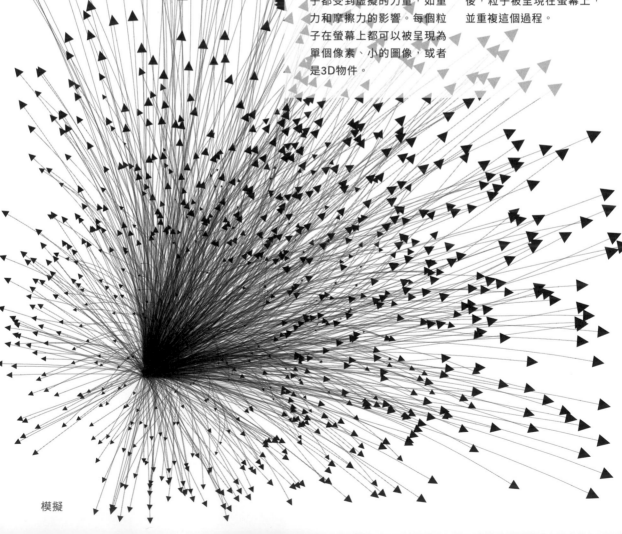

模擬

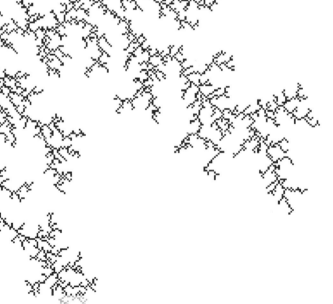

代碼範例
局限擴散群聚效應

「 局 限 擴 散 群 聚 效 應 」
（Diffusion-limited
aggregation; DLA）是
指以幾個簡單的規則，來
形成有機形式的過程。粒
子通常以被稱做「隨機漫
步」的模式在空間中移
動，然後經過碰撞而相粘
在一起。當愈來愈多的顆
粒碰撞、聚集在一起時，
形式便隨著時間的增加，
而漸漸地被建構起來。群
聚形狀通常都具有著複雜
的分支結構。

通常，局限擴散群聚效應
的過程起始於一個固定的
種子粒子，然後，虛擬的
粒子被製造出來，並開始
移動、穿越空間。每個粒
子的運動方式，是選出一
個隨機的新方向，並且在
模擬的每個步驟中短距移
動。當粒子移動時，它會
檢查自己是否與其他初始
的種子粒子，或與另一個
已固定粒子相碰撞。如果
與其他粒子碰撞，它就會
停止移動，並成為漸漸增
長的形式的一部分。

程式碼可以在這個網址下載 http://formandcode.com

圖片來源

代碼是什麼呢？

p. 16: photo by Joi Ito, licensed under a Creative Commons Attribution License

p. 18: vvvv multipurpose toolkit, vvvv.org; patch by David Dessens, sanchtv.com

p. 21: U.S. Army photo

p. 24: courtesy Testa & Weiser, Architects

形式和電腦

p. 28: courtesy MIT Museum, reprinted with permission of MIT Lincoln Laboratory, Lexington, Massachusetts

p. 30: top: courtesy Skidmore, Owings & Merrill (SOM)

p. 30: bottom: © CsuriVision ltd., all rights reserved, from the Collection of Caroline and Kevin Reagh

p. 31: courtesy John Maeda

p. 32: © Sanford Museum & Planetarium, Cherokee, Iowa; Mary and Leigh Block Museum of Art, Northwestern University, 2007.25

p. 34: courtesy Tale of Tales

p. 36, left: courtesy Pablo Valbuena; right: © 1970 Lillian F. Schwartz, courtesy of the Lillian Feldman Schwartz Collection, Ohio State University Libraries, all rights reserved, printed by permission

p. 38, top: © John Adrian, all rights reserved; bottom: courtesy Philip Beesley

p. 40: courtesy R&Sie(n)+D and Museum of Modern Art Luxembourg

p. 41: courtesy of Zaha Hadid Architects

重複

pp. 44–45: courtesy Emily Gobeille and Theodore Watson

p. 46: courtesy jodi

p. 47: courtesy Arktura

p. 48: Los Angeles County Museum of Art, Gift of Robert A. Rowan. Photograph © 2009 Museum Associates / LACMA

p. 49: courtesy Martin Wattenberg

p. 50, top: courtesy Granular-Synthesis, photo by Bruno Klomfar and Gebhard Sengmueller; bottom: courtesy Tom Betts

p. 51: courtesy Mark Wilson

p. 52: Courtesy Frieder Nake, Collection Etzold, Museum Abteiberg Mönchengladbach

p. 53: courtesy Galerie [DAM]Berlin

p. 54: photo by Robert Wedemeyer, courtesy Lehmann Maupin Gallery, NY

p. 55, left: courtesy David Em; right: courtesy John F. Simon, Jr.

p. 56, top: courtesy MOS Architects; bottom: courtesy THEVERYMANY / Marc Fornes

p. 57: courtesy Ben Fry

pp. 58–59: courtesy Johnson Trading Gallery, NY

p. 60: courtesy Emigre

p. 61: courtesy Vasa Mihich

p. 62: courtesy Toyo Ito & Associates, Architects

變形

p. 68: courtesy Deitch Projects

p. 69: © Jasper Johns / Licensed by VAGA, New York, NY

p. 70: courtesy Marius Watz

pp. 72–73: courtesy ART+COM

p. 75, top: © 1966 Leon Harmon & Ken Knowlton, courtesy Ken Knowlton, www.knowltonmosaics.com; bottom: courtesy Yoshi Sodeoka

p. 76: courtesy Jim Campbell

p. 77: courtesy VOUS ETES ICI, Amsterdam

p. 78: courtesy bitforms gallery nyc

p. 79: courtesy Cory Arcangel

p. 80: courtesy Alex Dragulescu

p. 81: commissioned by Yamaguchi Center for Arts and Media (YCAM)

p. 82: courtesy bitforms gallery nyc.

p. 83: courtesy Jason Salavon

p. 84: courtesy Ross Cooper and Jussi Ängeslevä

p. 85: courtesy Osman Khan and Daniel Sauter

p. 86, 87: courtesy Gagosian Gallery, NY

p. 87: courtesy Cornelia Sollfrank, Collection Volksfürsorge, Hotel Royal Meridien

pp. 88–89: courtesy bitforms gallery nyc

參數化

p. 94: photography by G.R. Christmas, courtesy PaceWildenstein, NY; © Keith Tyson, courtesy PaceWildenstein, NY

pp. 96–97: courtesy Greg Lynn FORM

pp. 98–99: courtesy Morphosis

p. 100: © 2009 Calder Foundation, New York / Artists Rights Society (ARS), New York

p. 101: courtesy Khoi Vinh

p. 102: courtesy Larry Cuba

p. 103: courtesy Lia

p. 103: courtesy Telcosystems

p. 104: courtesy Erik Natzke

p. 105: courtesy Jean-Pierre Hébert

pp. 106–107: © SHoP Architects, PC, all images by Seong Kwon

p. 108: photo by Mitch Cope; © Roxy Paine, courtesy James Cohan Gallery, NY

p. 109: courtesy bitforms gallery nyc

p. 110–111: courtesy The Barbarian Group

p. 112, top: courtesy LettError; bottom: courtesy Jürg Lehni

p. 113: courtesy Enrico Bravi

p. 114, top: courtesy LeCielEstBleu; bottom: courtesy Yunsil Heo and Hyunwoo Bang

p. 115: courtesy Nervous System

視覺化

pp. 120–121: courtesy Ben Fry

p. 122: courtesy Catalogtree, based on data from Ditmer Santema, Freek Peul, and Hennie van der Horst

p. 123: courtesy Catalogtree, based on data from Ray Fisman and Edward Miguel in collaboration with Lutz Issler (geocoding) "Corruption, Norms and Legal Enforcement: Evidence from Diplomatic Parking Tickets," Journal of Political Economy (December 2007).

p. 124: courtesy Marcos Weskamp

p. 125, bottom: courtesy Ben Shneiderman; top: courtesy Kai Wetzel

p. 126–127: courtesy BabyNameWizard.com

p. 128: courtesy Jonathan Harris

p. 129: courtesy Golan Levin

pp. 130–131: courtesy Thinkmap

p. 132: courtesy Sosolimited

p. 133: courtesy Lisa Strausfeld

p. 133: courtesy David Small

p. 134: courtesy stamen design

p. 135: courtesy Peter Cho

pp. 136–137: courtesy Aaron Koblin

p. 138: courtesy Aaron Siegel

pp. 138–139: Patent(s) pending, © 2007 Lumeta Corporation, all rights reserved

p. 139: courtesy Schoenerwissen/OfCD

p. 140: courtesy Worldmapper.org, © 2006 SASI Group (University of Sheffield) and Mark Newman (University of Michigan).

p. 141, left: © Masaki Fujihata; right: courtesy Tom Carden

p. 142: courtesy David Dessens

p. 143: courtesy George Legrady

p. 143: courtesy Kenneth A. Huff

模擬

p. 148: courtesy Ralph Ammer

p. 150: courtesy MOS Architects

p. 152: courtesy Gerhard Mantz

p. 153: SimCity 2000 screenshots © 2009 Electronic Arts Inc. All right reserved. Used with permission

p. 154: courtesy Karsten Schmidt, http://postspectacular.com/; 3-D printing by Anatol Just (ThingLab)

p. 155: courtesy Jonathan McCabe

p. 156, bottom: courtesy Julius Popp; top: photos by Fardad Faridi, MIT Media Lab

p. 157: courtesy The OpenEnded Group

p. 158: courtesy Harold Cohen

p. 160: courtesy Karl Sims

p. 162: courtesy Jon McCormack

p. 163: NASA photos

p. 165: courtesy Mike Silver

p. 166: courtesy Andy Lomas, www.andylomas.com

p. 167, left: courtesy Robert Hodgin; right: courtesy Kokkugia

p. 168: courtesy Gramazio & Kohler, ETH Zurich

p. 169: photo by Loek van der Klis

設計師／藝術家／建築師 索引

參考書目

Abrams, Janet, and Peter Hall, eds. Else/Where: Mapping New Cartographies of Networks and Territories. Minneapolis, MN: University of Minnesota Design Institute, 2006.

Alberro, Alexander, and Blake Stimson. Conceptual Art: A Critical Anthology. Cambridge, MA: MIT Press, 2000.

Altena, Arie, and Lucas van der Velden. The Anthology of Computer Art–Sonic Acts XI. The Netherlands: Sonic Acts Press, 2006.

Aranda, Benjamin, and Chris Lasch. Tooling. Pamphlet Architecture. New York: Princeton Architectural Press, 2006.

Ashby, W. Ross. Design for a Brain: The Origin of Adaptive Behavior. 2nd ed. New York: Wiley, 1960.

Ball, Philip. The Self-Made Tapestry: Pattern Formation in Nature. Oxford: Oxford University Press, 1999.

Benthall, Jonathan. Science and Technology in Art Today. London: Thames & Hudson, 1972.

Bertin, Jacques. Semiology of Graphics: Diagrams, Networks, Maps. Translated by William Berg. Madison, WI: University of Wisconsin Press, 1984.

Bogost, Ian. Persuasive Games: The Expressive Power of Videogames. Cambridge, MA: MIT Press, 2007.

Brooks, Rodney. "Cog Project Overview," 2000. http://www.ai.mit.edu/projects/humanoid-robotics-group/cog/overview.html.

Brougher, Kerry, Jeremy Strick, Olivia Mattis, Ari Wiseman, Museum of Contemporary Art (Los Angeles, CA), Judith Zilczer, and Hirshhorn Museum and Sculpture Garden. Visual Music. London: Thames & Hudson, 2005.

Brown, Paul, Charlie Gere, Nicholas Lambert, and Catherine Mason, eds. White Heat Cold Logic: British Computer Art 1960-1980. Cambridge, MA: MIT Press, 2009.

Burnham, Jack. Software—Information Technology: Its New Meaning for Art. New York: The Jewish Museum, 1970.

Cache, Bernard. Earth Moves: The Furnishing of Territories. Cambridge, MA: The MIT Press, 1995.

Card, Stuart K., Jock Mackinlay, and Ben Shneiderman. Readings in Information Visualization: Using Vision to Think. 1st ed. San Francisco, CA: Morgan Kaufmann, 1999.

Carpenter, Edmund Snow, and Marshall McLuhan. Explorations in Communication: An Anthology. Boston, MA: Beacon Press, 1960.

Corne, David W., and Peter J. Bentley, eds. Creative Evolutionary Systems. San Francisco: Morgan Kaufmann, 2001.

Davis, Douglas. Art and the Future: A History/Prophecy of the Collaboration Between Science, Technology, and Art. New York: Praeger Publishers, Inc., 1973.

Dawkins, Richard. The Blind Watchmaker. Ontario: Penguin, 2006.

Eco, Umberto. The Open Work. Translated by Anna Cancogni. Cambridge, MA: Harvard University Press, 1989.

Fishwick, Paul A., ed. Aesthetic Computing (Leonardo Books). Cambridge, MA: MIT Press, 2006.

Flake, Gary William. The Computational Beauty of Nature: Computer Explorations of Fractals, Chaos, Complex Systems, and Adaptation. Cambridge, MA: MIT Press, 2000.

Fogg, B. J. Persuasive Technology. San Francisco: Morgan Kaufmann, 2003.

Franke, Herbert. Computer Graphics, Computer Art. London: Phaidon, 1971.

Frazer, John. An Evolutionary Architecture (Themes). London: Architectural Association, 1995.

Fry, Ben. Visualizing Data: Exploring and Explaining Data with the Processing Environment. Illustrated edition. Sebastopol, CA: O'Reilly Media, Inc., 2008.

Gerstner, Karl. Designing Programmes; Four Essays and an Introduction. Sulgen: A. Niggli, 1968.

Gibson, William. Neuromancer. New York: Ace Books, 1948.

Goodman, Cynthia. Digital Visions: Computers and Art. New York: H. N. Abrams, Everson Museum of Art, 1987.

Gramazio, Fabio, and Matthias Kohler. Digital Materiality in Architecture. Baden, Switzerland: Lars Müller Publishers, 2008.

Hays, K. Michael, and Dana Miller, eds. Buckminster Fuller: Starting with the Universe. New York: Whitney Museum of Art, 2008.

Hight, Christopher, and Chris Perry, eds. Collective Intelligence in Design (Architectural Design). London: Academy Press, 2006.

Hofstadter, Douglas R. Fluid Concepts and Creative Analogies: Computer Models of the Fundamental Mechanisms of Thought. New York: Basic Books, 1995.

Impossible Nature: The Art of Jon McCormack. Melbourne: Australian Centre for the Moving Image, 2004.

Kelly, Kevin. Out of Control: The New Biology of Machines, Social Systems & the Economic World. Reading, MA: Addison-Wesley, 1994.

Kristine Stiles, and Peter Selz, eds. Theories and Documents of Contemporary Art: A Sourcebook of Artists' Writings (California Studies in the History of Art; 35). Berkeley: University of California Press, 1996.

Leavitt, Ruth, ed. Artist and Computer. New York: Harmony Books, 1976.

Levin, Golan, Meta, Lia, and Adrian Ward. 4x4 Generative Design—Beyond Photoshop: Life/Oblivion. Olton, UK: Friends of Ed, 2002.

Levy, Steven. Artificial Life: The Quest for a New Creation. New York: Pantheon Books, 1992.

Lippard, Lucy. Six Years: The Dematerialization of the Art Object from 1966 to 1972. Berkeley: University of California Press, 1997.

Lynn, Greg. Animate Form. New York: Princeton Architectural Press, 1999.

Maeda, John. Creative Code: Aesthetics + Computation. London: Thames & Hudson, 2004.

———. Design By Numbers. Cambridge, MA: MIT Press, 1999.

Mateas, Michael. "Procedural Literacy: Educating the New Media Practitioner." On The Horizon. Special Issue. Future of Games, Simulations and Interactive Media in Learning Contexts 13, no. 2 (2005).

Mihich, Vasa. Vasa. Los Angeles, CA: Vasa Studio Inc., 2007.

Mitchell, William John, and Malcolm McCullough. Digital Design Media: A Handbook for Architects and Design Professionals. New York: Van Nostrand Reinhold, 1991.

Montfort, Nick, and Ian Bogost. Racing the Beam: The Atari Video Computer System. Cambridge, MA: MIT Press, 2009.

Morgan, Robert C., and Victor Vasarely. Vasarely. New York: George Braziller, 2004.

NASA Evolvable Systems Group. "Automated Antenna Design." http://ti.arc.nasa.gov/projects/esg/research/antenna.htm.

Ono, Yoko. Grapefruit: A Book of Instructions and Drawings by Yoko Ono. New York: Simon & Schuster, 2000.

Orkin, Jeff. "Three States and a Plan: The A.I. of F.E.A.R." Game Developer's Conference Proceedings, 2006.

Owen, David. "The Anti-Gravity Men." The New Yorker, June 25, 2007.

Papert, Seymour. The Children's Machine: Rethinking School in the Age of the Computer. New York: Basic Books, 1993.

Paul, Christiane. Digital Art (World of Art). London: Thames & Hudson, 2003.

Pearce, Peter. Structure in Nature is a Strategy for Design. Cambridge, MA: MIT Press, 1978.

Peterson, Dale. Genesis II Creation and Recreation With Computers. Reston, VA: Reston Publishing Company, 1983.

Petzold, Charles. Code: The Hidden Language of Computer Hardware and Software. Redmond, WA: Microsoft Press, 2000.

Prueitt, Melvin L. Computer Graphics: 118 Computer-Generated Designs (Dover Pictorial Archive). Mineola, NY: Dover Publications, 1975.

Rahim, Ali. Contemporary Techniques in Architecture. London: Academy Press, 2002.

Rappolt, Mark, ed. Greg Lynn Form. New York: Rizzoli, 2008.

Reas, Casey, and Ben Fry. Processing: A Programming Handbook for Visual Designers and Artists. Cambridge, MA: MIT Press, 2007.

Reichardt, Jasia. Cybernetic Serendipity: The Computer and the Arts. New York: Praeger, 1969.

———. Cybernetics, art, and ideas. New York: New York Graphic Society, 1971.

———. The Computer in Art. New York: Van Nostrand Reinhold, 1971.

Resnick, Mitchel. Turtles, Termites, and Traffic Jams: Explorations in Massively Parallel Microworlds (Complex Adaptive Systems). Cambridge, MA: MIT Press, 1994.

Rinder, Lawrence, and Doug Harvey. Tim Hawkinson. New York: Whitney Museum, 2005.

Rose, Bernice, ed. Logical Conclusions: 40 Years of Rule-Based Art. New York: PaceWildenstein, 2005.

Ross, David A., and David Em. The Art of David Em: 100 Computer Paintings. New York: Harry N. Abrams, Inc., 1988.

Ruder, Emil. Typographie: A Manual of Design. Zurich: Niggli, 1967.

Russett, Robert and Cecile Starr. Experimental Animation: Origins of a New Art. Cambridge, MA: Da Capo Press, 1976.

Sakamoto, Tomoko, and Ferré Albert, eds. From Control to Design: Parametric/Algorithmic Architecture. New York: Actar, 2008.

Schöpf, Christine, and Gerfried Stocker, eds. Ars Electronica 2003: Code:The Language of our Time. Linz: Hatje Cantz Publishers, 2003.

Simon Jr., John F. Mobility Agents. New York: Whitney Museum of American Art and Printed Matter, 2005.

Shanken, Edward A. Art and Electronic Media. London: Phaidon Press, 2009.

Shneiderman, Ben. "Treemaps for space-constrained visualization of hierarchies," December 26, 1998. http://www.cs.umd.edu/hcil/treemap-history/.

Silver, Mike. Programming Cultures: Architecture, Art and Science in the Age of Software Development (Architectural Design). London: Academy Press, 2006.

Skidmore, Owings & Merrill. Computer Capability. Chicago, IL: Skidmore, Owings & Merrill, 1980.

Sollfrank, Cornelia. Net.art Generator: Programmierte Verführung (Programmed Seduction). Edited by Institut für moderne Kunst Nürnberg. New York: Distributed Art Publishers, 2004.

Spalter, Anne Morgan. The Computer in the Visual Arts. Reading, MA: Addison-Wesley Longman, 1999.

Strausfeld, Lisa. "Financial Viewpoints: Using point-of-view to enable understanding of information." http://sigchi.org/chi95/Electronic/documnts/shortppr/lss_bdy.htm.

Thompson, D'Arcy Wentworth. On Growth and Form: The Complete Revised Edition. New York: Dover, 1992.

Todd, Stephen, and William Latham. Evolutionary Art and Computers. Orlando, FL: Academic Press, Inc., 1994.

Toy, Maggie, ed. Architecture After Geometry. London: Academy Editions, 1997.

Tufte, Edward R. The Visual Display of Quantitative Information. Cheshire, CT: Graphics Press, 1983.

Tufte, Edward R. Visual Explanations: Images and Quantities, Evidence and Narrative. 4th ed. Cheshire, CT: Graphics Press, 1997.

Volk, Gregory, Marti Mayo, and Roxy Paine. Roxy Paine: Second Nature. Houston, TX: Contemporary Arts Museum, Houston, 2002.

Wardrip-Fruin, Noah, and Nick Montfort, eds. The New Media Reader. Cambridge, MA: MIT Press, 2003.

Whitelaw, Mitchell. Metacreations: Art and Artificial Life. Cambridge, MA: MIT Press, 2004.

Whitney, John H. Digital Harmony. Peterborough, NH: Byte Books, 1980.

Wilson, Mark. Drawing With Computers. New York: Perigee Books, 1985.

Wood, Debora. Imaging by Numbers: A Historical View of the Computer Print. Chicago: Northwestern University Press, 2008.

Woodward, Christopher, and Jaki Howes. Computing in Architectural Practice. New York: E. & F. N. Spon, 1997.

Youngblood, Gene. Expanded Cinema. New York: E. P. Dutton, Inc., 1970.

Zelevansky, Lynn. Beyond Geometry: Experiments in Form, 1940s–1970s. Illustrated edition. Cambridge, MA: MIT Press, 2004.

反思 1

設計、藝術和建築中的 Form + Code：如演算般優雅，用寫程式的方式創造設計的無限可能
Form+Code in Design, Art, and Architecture

作　　者：Casey Reas、Chandler McWilliams、LUST
譯　　者：陳亮璇
審　　訂：何樵暐
主　　編：林慧美
特約編輯：陳慧淑
校　　對：林慧美、陳慧淑、何樵暐
視覺設計：何樵暐

發 行 人：洪祺祥
副總經理：洪偉傑
總 編 輯：林慧美
法律顧問：建大法律事務所
財務顧問：高威會計師事務所
出　　版：日月文化出版股份有限公司
製　　作：洪圖出版
地　　址：台北市信義路三段151號8樓
電　　話：（02）2708-5509　　傳真：（02）2708-6157
客服信箱：service@heliopolis.com.tw
網　　址：www.heliopolis.com.tw
郵撥帳號：19716071 日月文化出版股份有限公司

總 經 銷：聯合發行股份有限公司
電　　話：（02）2917-8022　　傳真：（02）2915-7212
印　　刷：禾耕彩色印刷事業股份有限公司
初　　版：2018年7月
定　　價：550元
ISBN：978-986-248-713-6

First published in the United States by PRINCETON ARCHITECTURAL PRESS
This edition arranged with PRINCETON ARCHITECTURAL PRESS
through Big Apple Agency, Inc., Labuan, Malaysia.
Traditional Chinese edition copyright:
2018 HELIOPOLIS CULTURE GROUP CO.,
All rights reserved.

國家圖書館出版品預行編目（CIP）資料

設計、藝術和建築中的FROM+CODE：如演算般
優雅，用寫程式的方式創造設計的無限可能
Casey Reas, Chandler McWilliams, LUST著；
陳亮璇譯. -- 初版. -- 臺北市：日月文化, 2018.07
184面 ;17.8x21.6公分. --（反思；1）
譯自：Form+code in design, art, and
architecture

ISBN 978-986-248-713-6(平裝)
1.軟體研發 2.電腦程式設計

312.2　　　107002451